I0068550

DISCOVRS NOVVEAV
PROVVANT

la pluralité des Mondes, que les Astres sont des terres habitées, & la terre vne Estoile, qu'elle est hors du centre du monde dans le troisiesme Ciel, & se tourne deuant le Soleil qui est fixe, & autres choses tres-curieuses.

Par PIERRE BOREL, *Conseiller, & Medecin ordinaire du Roy.*

Non inferiora sequutus,

Sed,

Omnes Cælicolas, omnes supera astra tenet.
Ecclesiaste. c. 1. v. 13.

Ce qui est sous les cieux est vne occupation fâ cheuse que Dieu a baillée aux hommes afin qu'ils s'y occupent.
Ecclesiaste. c. 3. v. II.

Aussi a-il mis le monde en leur cœur, sans tou resfois que l'homme puisse comprendre l'œu ure que Dieu a faite de bout à autre,

A GENEVE,
M. DC. LVII.

Iamblicus & Simplicius
Cælestia & plurima ex mortalibus animalibus
nobis sunt ignota.

C'eſt à dire.

Les choſes celeſtes, & pluſieurs choſes
touchant les animaux mortels nons ſont
incognuës.

Baco
Quærenda eſt veritas in | mundo maiori, non
alibi.

C'eſt à dire.

Il faut chercher la verité dans le grand
monde, & non ailleurs.

A MONSEIGNEVR LE

Cheualier Kenelme Digby, Admiral & Conseiller du Conseil Secret de Charles premier Roy d'Angleterre & Chancelier de la Reyne de la grand Bretaigne.

MONSEIGNEVR,

Si vostre vertu n'estoit vniuersellement cognuë, & si vostre sçauoir prodigieux ne vous auoit mis au dessus de toutes les loüanges & qu'il fut necessaire de vous donner du lustre par quelques lumieres empruntées, I'irois fouiller dans l'ancienne & longue suite de vos illustres ayeux

ãij

pour faire voir a la posterité qui vous estes, mais comme vous brillés assés par vous mesmes, & que vos doctes liures & vos rares vertus vous rendent assés recommandable.

Nam quœ non fecimus ipsi. Vix ea nostra vocas.

Ie ne m'amuseray point à faire icy vostre portrait, aussi serois ie vn trop foible instrument pour vne si haute entreprise, ie ne sçaurois pourtant taire la vertu Royale que vous possedés au plus haut point, & qui esclate parmy les autres qu'on remarque en vous.

Velut inter ignes
Luna minores.

Ie veux dire la liberalité que vous aués exercée si noblement enuers la celebre Bibliotheque d'Oxford (par le present de plus de douze

mille traictés manuscrits) & enuers vne infinité de particuliers, en
sorte que vous n'aués rien qui puisse estre dit absolument vous appar-
tēir puis qu'il ne faut que temoigner
vne petite inclination pour ce qui est
à vous afin de l'obtenir promptemēnt
Et pleut à Dieu que ceux qui meri-
tent de gouuerner des Estats, comme vous le meritez, les gouuernas-
sent on ne verroit pas eschoüer tant
de genereux projets, ny auorter
tant de doctes liures qu'on pourroit
appeller autant de conquestes dans
le pays incogneu des sciences, &
qui meriteroient d'estre preferés à
celles de plusieurs Royaumes ; ainsi
le grand Scaliger a dit autre-fois
qu'il aymeroit mieux estre l'Au-
theur de quelques odes d'Horace
que d'estre Prince souuerain ; tous ces
beaux liures pourtant demeurent

sous la poussiere, & dans les eternelles tenebres de l'oubly, par l'im-
puissance de leurs Autheurs, &
par l'auarice des ignorans qui occupent indignement la place des
biens facteurs des hommes sçauans,
cela veut dire MONSEIG-
NEVR, que si le temps que Platon à tant souhaité pour rendre les
Estats heureux en faisant regner
les Philosophes, ou Philosopher les
Roys pouuoit venir à son tour, tout
changeroit de face & la vertu se
verroit recompensée, ceux qui par
des opinions nouuelles bien raison-
neés s'efforçent à ouurir les yeux
des hommes & à les faire penetrer
dâs les mouelles des choses, lors qu'ils
n'en auoiët descouuert que les escor-
ces, ne passeroient pas pour ridicules, & nous ne ferions pas si ignorans comme nous sommes estans

contrainéts a begayer encore fur
de fuie tsrecherchez depuis plufieurs
fiecles : ie fçay bien que voftre mo-
deftie fera choquée de ce que ie
viens de dire à voftre honneur,
mais ie vous ay tant d'obligations
que i'euffe creu de ne meriter plus
autre nom que celuy d'ingrat fi ie
m'en fuffe teu , & fi à faute de
prefent confiderable ie ne vous euffe
du moins apporté vne plaine main
d'eau comme on fit autre-fois à vn
grand Prinçe, & comme il la receut
humainement i'ofe auffi me pro-
mettre MONSEIGNEVR que
vous receurés ce petit fruiét de mes
veilles auec autant de plaifir qu'il
vouseft offert de bon cœur par.

Voftre tres-humble & tres-
obeiffant feruiteur

PIERRE BOARI

AV LECTEVR

CE liure eſtoit preſt à imprimer l'an 1648
Mais ie n'ay peu t'en faire participant iuſques à preſent pour pluſieurs raiſons que ie ne te
puis pas icy deduire, il te doit ſuffire que quantité d'habilles hommes l'ont veu & m'en ont de-
mandé des coppies auec empreſſement ce que ie
leur ay refuſé iuſques à ce qu'elle m'a eſté extor-
quee par quelques vns qui l'ont copiee ſans mon
conſentemens; on ayant veu paroiſtre depuis peu
vn liure ſur le meſme ſuiet cela m'a faché beaucoup eſtimant qu'on auoit pris quelque choſe du
mien comme il y a de l'apparance, c'eſt ce qui
m'a porté enfin à rompre le ſilence, & à te donner cette premiere partie de mon liure dont i'ay
eu l'approbation des plus rares eſprits de la Fran-
ce qui ont de pareilles opinions, mais qu'ils con-
ſeruent ſecretement de peur de paſſer pour ridicules parmy le vulgaire ignorant, i'ay ſuiuy ſans
y penſer la maxime de Ronſard qui dit qu'il faut
garder dix ans vn liure auant que le publier, &
ny ayant pourtant trouué rien à changer que
quelques termes qui ne ſont pas en langage trop
recherché l'ay meſpriſé cela & te le donne ſans
eſtre beaucoup poly ne me picquant que de la
matiere tant ſeulement; reçoy donc cependant
ce traicté en attendant vne ſeconde partie plus
curieuſe ſur la meſme matiere.

DISCOVRS NOVVEAV

prouuant la pluralité des Mondes, que les Aſtres ſont des terres habitées, & la terre vne
Eſtoile, qu'elle eſt hors du centre du monde dans le troiſieſ-
Ciel, & ſe tourne deuant le
Soleil qui eſt fixe, & autres
choſes tres-curieuſes.

Par PIERRE BOREL, Conſeiller,
& Medecin ordinaire du Roy.

*Chapitre I. de la pluralité des Mondes en gene-
ral, ſeruant de Preface aux Chapitres ſuiuans.*

O N peut dire auec verité que la
preocupation eſt vn horrible
monſtre qui fait vn notable
rauage dans les eſprits humains empeſche le progrez
des ſciences, & fait croupir les
hommes dans vne perpetuelle
ignorance, car ceux qu'il à vne fois enuahis ne
iugent rien que par autruy, cenſurent les meilleu-

res opinions, iurent pour celles de leurs maiſtres ſoit qu'elles ſoyent bonnes ou mauuaiſes, & ayãs conçeu vn tres-grand degouſt pour tout ce qui choque leur croyance ignorante n'enfantent que des meſpris & des blaſmes côtre ceux qui taſchent à les deſſiller, & les arracher des tenebres de leur ignorance pour les faire iouyr de la lumiere de la vraye cognoiſſance des choſes.

Ce qui ſe pratique particulierement en ce ſiecle ou nous ſommes, ou on ne vit que par imitation, ou les gens de lettres ſont meſpriſez, auquel ceux qui ont des notiõns particulieres & rares, ſur de ſuiets importans à la cognoſſance des hommes paſſent pour extrauagans, & auquel on ne peut ſouffrir aucune nouuelle propoſition.

Mais helas que dois ie eſperer, veu que ce mal eſt comme à la gangrene, & a pris de ſi profondes racines, qu'il a oſté le ſentiment aux hommes qui en ſont attaquez, puis que les plus preoccupez ne croyent pas de l'eſtre, que dois ie dis-ie, attendre moy qui veux propoſer des nouueautez, non des choſes qui ſont dans la terre, mais meſme dans les cieux, & non ſeulement ez cieux, mais dans les corps des Eſtoiles.

Des auſſi toſt qu'on aura veu le titre de ce diſcours on me condamnera ſans m'ouïr, on ne daignera pas ſeulement lire mes raiſons, & aymera mieux viure en ignorance que changer d'opinion, & eſtre dans le monde comme les beſtes, que d'en ſçauoir les ſecrets.

La plus part des hommes croyent qu'il leur ſeroit honteux de confeſſer qu'ils ignoraſſent quelque choſe, mais qu'ils prénent le mauuais party, car au contraire c'elt le moyen de trouuer la verité, veu qu'on cherche touliours de nouuelles raifons de ce qu'on croit d'ignorer.

L'ignorance humaine elt li grande que les fainctes Efcritures ont dit que toute la fcience des hommes ettoit vanité, & li nous ne nous voulons flater, nous trouuerons que nous ne fçauons rien qui ne foit ou ne puille eltre debatu, la Theologie mefme n'en elt pas exempte, & quand aux autres fciences & arts les volumes que nous en auons en font allez foy, c'elt ce qui a meu les Pyrrhoniens ou Sçeptiques à douter de toutes chofes, & a fait nailtre diuers liures de la vanité des fciences, l'Altrologie, la Medecine, la Iurifprudence, la Philique, chancellent tous les iours, & voyent crouler leurs fondemens, Ramus a renuerfé la Philofophie d'Arifote, Copernicus l'Altrologie de Ptolomée, Paracelfe la Medecine Galenique, de forte que chacun ayant fes fectateurs, & tout femblant plaufible, nous fommes bien en peine à qui croire, & par ainfi fommes contraints d'aduoüer que ce que nous fçauons elt beaucoup moindre que ce que nous ignorons,

I'eltime Beaucoup les fentimens de Michel de Montagnes, l'honneur de noftre fiecle fur ce fuiet, il fe renge fort bien à la raifon, & mes opinions fe trouuent le plus fouuent conformes aux fiennes, & particulierement en celle qui fournira de fujet à ce difcours, entre mille rares penfées qu'il a fur cette matiere, il fe fert d'vne belle fimilitude par laquelle il compare les hommes fçauans aux efpics de bled, qui eltans bien remplis courbent la telte, car lors qu'ils ont apris toutes les sciences, & qu'ils s'y sont consommez ils sont contraints d'aduouer qu'ils ne sçauēt rien, & sont la mesme confession que fit vn des grands Philo-sophes de l'antiquité, *hoc vnum scio, quod nihil scio*, ie sçay vne chose, c'est que ie ne sçay rien.

Si doncques nous ignorons presque tout, n'ad-uouerons nous pas que nous pouuons auoir igno-ré principalement les choses celestes, & que par consequent ceux-la sont loüables, qui ont tasché de s'esleuer par leurs meditations iusques dans les cieux, & qui ayans comme destaché leur ame de leurs corps, l'ōt faite errer par les voutes celestes, pour y remarquer les choses qui nous surpassoiēt, nostre entendement estant diuin, & nostre ame toute sçauante & parfaite, n'ignore pas ces choses, mais la masse du corps qui est sa prison l'empes-che de faire ses fonctions auec pleine liberté, elle voudroit bien s'esleuer, & fait chaque fois des eslans vers le lieu de son origine, mais la pesan-teur de son corps la fait descendre, & la mixtion des elemens dont il est composé, emousse & eslour-dit son actiuité.

Si auant l'inuention de l'Artillerie, de l'Im-primerie, des lunetes d'approche, & d'vne infini-té d'inuentions que nous possedons maintenant, on nous eut dit leurs effets nous ne les eussions iamais creus, car si on nous eut asseuré qu'on pouuoit par la poudre à canon, sans se bouger, tuer les bestes esloignées de nous, nonseulement sur la terre, mais bien auant dans les airs, abatre les murailles des Villes, & foudroyer les lieux les plus forts, & que dans vn moment ces instrumens executoiēt nostre vouloir, que par l'Imprimerie &

les lettres on pouuoit communiquer ses pensées
à vn autre, escrire vne infinite de Liures en peu de
temps, & mesme aller mille fois plus viste en es-
criuant, qu'on ne parle, transmettre à nos descen-
dans nos belles conceptions, & acquerir vne spe-
ce d'immortalite, & enfin que par les lunetes on
pouuoit approcher les obiects, fortifier nostre
veuë, & luy faire voir distinctement les choses
tres-esloignées, si dis-ie on nous eut proposé ces
choses en vn temps auquel on n'en eut iamais
plus ouy parler, qui est celuy qui les eut creuës,
mais plustost ou est celuy qui ne s'en fut mocqué,
& pourtant les effets de ces inuentions sont tres-
veritables.

Ainsi les derniers siecles ont condamné comme heretiques ceux qui croyoient les Antipodes,
& cette croyance passa long-temps pour vne
damnable opinion, Christophle Colomb fut re-
buté de diuers Roys quand il leur proposa sa des-
couuerte des Indes, & pourtant ces propositions
se sont trouuées veritables, & ont donne l'immor-
talité à leur inuenteur.

Ainsi ie me promets que le temps fera voir la
verité de mon opinion, laquelle ie ne produis pas
au iour, sans estre appuyé d'vne infinité de bonnes raisons, & de l'autorité des plus grands personnages, mesme la saincte Escriture ne l'impu-
gne pas, mais au contraire panche fort vers mon
opinion, & quand aux Philosophes qui ne l'accordent pas, les vns ne nient pas que cela ne
puisse estre, les autres ne l'osent impugner, & les
autres ont des raisons si ridicules que ie ne crois
pas qu'il s'en puissent trouuer de plus foibles, &

apres tout ils ne sont point montez au Ciel non plus que moy, & par consequent celuy qui aura de meilleures raisons en doit estre creu, ce qui se trouuant asseurement de mon costé, on ne doit point trouuer absurde mon opinion.

Democrite Roy des Abderitains rioit perpetuellement de ce que le monde ne pouuoit comprendre la pluralité des mondes, i'ay donc suiet auiourd'huy de rire comme luy, & me mocquer de ces gens qui ne sçauent pas qu'il y a diuers mondes, & mesme de les comparer aux bestes brutes, qui mangent les fruits des arbres sans iamais regarder de quel costé ils leur viennent, car les hommes ont esté logez au monde pour contempler les merueilles que Dieu leur met deuant les yeux, & à laquelle fin il leur a donne la face en haut pour regarder vers le Ciel, mais ils ne veulent point se seruir de leurs dons ny esplucher le lieu de leur habitation.

Que ne vous dessillés vous ô hommes sçauans & ne vous reueillez de vostre profond sommeil, esleuez les yeux de vostre raison vers les cieux & contemplans les merueilles qui y sont, mesprisez les choses terriennes, & comme de vrays Philosophes voyez le reste des hommes comme dans vn bourbier, n'ayans que des pensees basses, & des ames de boué qui ne pouuans s'estendre hors des bornes de la Sphere de leur petite actiuité, ont mesme le front d'accuser ceux qui par de nobles proiets leur veulent tendre la main, pour les tirer de leur ignorance.

Ayant donc tant de bonnes raisons & d'autoritez de mon costé, ie n'apprehende plus ceux qui

n'en trouuent presque aucune pour affermir leur
opinion, ou qui l'ont si toible que le bastiment
qu'ils fondent sur elle chancelle de tous costez,
ie ne craindray point doncques ces bouches en-
uenimees, & ialoufes de la reputation d'autruy,
que ie preuois eltre desia ouuertes en grand nombre contre moy, mais au contraire ie diray auec
raison qu'ils accusent Dieu & la nature d'impuis-
sance, & leur propre raison d'incapacité, seroit-il
bien possible que tant de grands personnages qui
l'ont creu anciennement, & desquels nous ho-
norons la memoire eussent eu des opinions erro-
nées, & que tant de raisons pertinentes n'eussent
point de solidité. Seroit-il bien possible que vous
ne vouluffiez elcouter ceux qui vous veulent
desabufer, ny souffrir d'eltre defsillez, lors que
vous auez deuant vos yeux la cataracte, & le
voile de preoccupation, Non, i'espere qu'il se
trouueront du moins quelques vns des mieux cen-
fez, & des plus raisonnables qui se rengeront de
mon costé, & qui prendront mon party contre les
attaques des ignorans, qui tascheront de me
noircir, estimans qu'ils auront de la gloire d'a-
uoir voulu abatre vn si haut proiet, car c'est la
qu'ils s'en prennent ordinairement.

Alta petit liuor, perflant altisma venti,
  Alta petunt dextra fulmina missa Iouis,
      C'est à dire

L'enuie ne se prend qu'à des choses hautaines,
Côme les tourbillons secouent les hauts lieux,
Et les tônerres prôpts du grãd maistre des dieux,
Tôbët fur les Clochers, & nõ pas fur les plaines.

Mais ie me mocqueray d'eux en mon ame, &
m'applaudiray moy-mesme s'il ne se trouue personne qui me vueille seconder, esperant que les
siecles à venir produiront des hommes plus raisonnables, & qui faisans plus de cas de mes conceptions, accuseront le siecle present de tres-
grande ingratitude.

Chapitre II. prouuant la pluralité des Mon-
des par vne raison prise du lieu ou
s'engendrent les Cometes.

PRoclus, Cardan, Telesius, & autres ont remarqué que plusieurs Cometes se forment
non seulement hors de la region des Meteores,
mais mesme bien haut par dessus la Lune, & Tychobrahe ce grand Astrologue qui a acquis vne
reputation eternelle par ses belles obseruations
encherissant sur eux a asseuré que tous les Cometes se formoient par dessus la Lune, mesmes selon
Kepler aussi haut que le Soleil. Or il est impossi-
ble que les vapeurs penettent la region du feu,
pour estre changées en Cometes, bien loin au de-
là, veu que selon tous les Philosophes la region
du feu est sous le concaue de la Lune, & par ainsi
ces Cometes se forment des exhalaisons d'autres
terres qui sont les Astres, c'est vne chose si claire,
que ie ne croy pas qu'il y ayt personne si peu raisonnable qui l'ose nier, que si on se vouloit def-
fendre en disant, qu'on ne peut sçauoir certainement que les Cometes soyent par dessus la region
de la Lune, ie les renuoyeray à l'Escole de l'Astrologie qui nous enseigne par vrayes regles & demonstrations,

monſtrations, les moyens pour meſurer tous les corps, & leurs eſloignemens de la terre, ce que Galileus, homme tres-illuſtre en noſtre ſiecle a confirmé, rapportant de pareilles obſeruations,

Chap. III. *prouuant le meſme par vn autre argument pris de la grandeur & durée des Cometes.*

LES meſmes Aſtrologues, ont obſerué que quelques Cometes ont de corps ſi vaſtes & ſi grands, qu'il eſt impoſſible que les exhalaiſons de la terre leur ayent fourny de matiere, & ie paſſe-ray bien plus auant & diray, que quand toute la terre ſe reſoudroit en vapeurs & exhalaiſôs elle ne pourroit former de Cometes ſi grands, & de ſi grande durée, comme ceux qu'on a veu autres-fois, meſme quand elle bruſleroit toute, de ſorte qu'il eſt neceſſaire de dire que les autres Eſtoiles qui ont le corps ſi grand au reſpect de noſtre petit globe leur ont fourny de matiere.

Chap. IIII. *prouuant la pluralité des Mondes par vne raiſon tirée de la conformité de la Lune auec la terre.*

TOus les Philoſophes & Aſtrologues demeu-rent d'accord que la terre & la Lune ont cela de commun, qu'elles ſont toutes deux des corps opaques, ſolides, & capables de receuoir & reflé-chir la lumiere du Soleil, cela eſtant accordé qui a-il de plus aiſé que de conclurre que la terre re-uerberant les rayons du Soleil paroiſtroit lumi-

B

neufe à ceux qui feroient haut elleuez vers les
cieux, qu'elle fembleroit fi petite par fon efloignement de nous qu'elle feroit prefque femblable a la
Lune, & en lumiere, & en grandeur, & que mefme elle auroit fes taches, à caufe des eaux qui en-
feueliffent, & eftouffent les rayons du Soleil, &
ne les reuerberent point, les lunetes d'aproche
nous y feroient mefme defcouurir quelques vües
des principales montagnes, ce qui nous oblige-
roit a croire que ces mers & ces montagnes ne
font pas inhabitees, & defpeuplees d'animaux.

Et fi nous tournons la medaille, ne dirons nous
pas le mefme de la Lune, dans laquelle nous def-
couurons des taches, que les lunetes de Galilee
nous font diftinguer fi naifuement, que nous y
voyös prefque comme en vn tableau, des mers &
des deftroits, des lacs, des riuieres, & des Ifles, des
rochers & des montagnes, qu'on apperçoit pro-
tuberer en dehors principalement lors que la
Lune eft nouuelle.

Si cela eft veritable, de la Lune, ne le peut-il
pas eftre des autres aftres, mais leur efloignement
defrobant à nos yeux leurs taches nous en deuons
iuger par la Lune, qui quoy que plus petite eft
plus proche de nous & nous paroift plus grande,
& afin qu'on ne doute pas que les mefmes chofes
qu'on voit en la Lune ne paroiffent ez autres
Eftoiles, le Telefcope nous fait voir vne montagne dans Mars, des taches ez autres Eftoiles, &
q e Vénus fait fon plain, & diminuë comme la
Lune.

Chap. V. auquel est prouuée cette opinion de
plusieurs Mondes, en ce que la terre est
vne Estoile comme les autres.

LE Chapitre precedent nous faisant voir comme la terre paroistroit lumineuse à ceux qui
seroient fort haut esleuez, à cause qu'elle reflef-
chit les rayons du Soleil qui mesme suiuant les diuers endroits qu'il en esclaireroit luy feroit auoir
le croist & le descroist, considerans aussi que les
montagnes veuës de loin reluisent, & que selon
Milichius les champs qui sont vers la montagne
Hesperie reluisent la nuict comme des astres,
voyans d'autre part que la terre est mobile comme nous le prouuerons cy-apres, qu'elle est si-
tuee dans les airs & balancee sur son propre poids,
& que les airs sont le Ciel, comme les sainctes
Escritures nous le prouuent suffisamment lors
qu'elles confondent l'air auec le Ciel à tous mo-
mens, ne dirons nous pas doncques que la terre
est vne Estoile, placee dans le Ciel aussi bien que
les autres astres, i'aduouë que cela choquera tout
à coup les Lecteurs, mais ils m'aduoueront bien
qu'vn iaune d'œuf est dans sa coque, ils ne me
sçauroient de mesme nier que la terre ne soit dans
le Ciel qui l'enuelope de tous costez comme la
coque d'vn œuf, & que les espaces infinies des
airs qui sont le Ciel ne contiennent diuers corps
grandement esloignez les vns des autres, &
par consequent la terre qui paroistroit estant re-
gardee de haut, petite & lumineuse peut estre vn
astre habité.

Or si la terre est vn astre habité les autres astres peuuent estre de terres habitees, veu qu'ils se trouuent tous comme la terre des grandes masses lumineuses à ceux qui sont situez loin d'elles.

Et afin que personne ne m'oppose que le Ciel est vn lieu coloré, solide, & separé des airs, ie le prie de considerer que toutes les choses esloignees nous paroissent comme le Ciel, les montagnes mesmes & les mers veuës de loin nous semblent bluastres, de sorte que ce Ciel bleu que nous voyons n'est pas vne chose solide & reelle, mais la borne de nostre veuë en vn certain endroit des espaces infinies des airs, qui sont la place commune ou sont logez vne infinité de grands globes de diuerses natures ou habitez de diuers animaux lesquels le Soleil qui est au milieu esclaire esgalement & les illumine tous comme vn grand flambeau mis au milieu d'vne chambre en esclaire tous les endroits.

Chap. VI. prouuant le mesme par le grand nombre des astres, & par leur noblesse.

Ceux qui s'imaginent que le nombre infini des corps celestes soyent creé pour le globe terrestre, & pour l'vtilité de ses habitans sont grandement trompez, car la raison naturelle nous dissuade assez de croire que les choses plus grandes seruent aux petites, & que celles qui sont beaucoup plus nobles seruent aux viles & de moindre consequence, n'est-il pas plus vray semblable que chaque globe fasse vn monde, ou vne terre particuliere, & que ce grand nombre de

mondes foyent fufpēdus en l'air dõt le vafte efpace les conioint tous, comme des dependances
de l'eternel & diuin Empire, la grandeur de
tout l'vniuers eft compofee de ces diuerfes creatures, qui bien que grandement efloignees & dif-
ferentes les vnes des autres tant en nature qu'en
lieu, s'accordent toutesfois tellement en amour
mutuelle qu'elles compofent vne parfaite harmo-
nie dans le monde, or le Ciel ou air, eft leur commun efpace, & la mer dont les terres ou aftres font
les Ifles, qui ainfi les ioint & les fepare, & pourtant c'eft air eft plus pur autour des corps plus
parfaits, toutesfois ce corps fpirituel de l'air re-
çoit efgalement les influences & emanations de
chaque globe, & communique tres-promptement
à chacun celles de tous les autres.

Chap. VII. auquel le mefme eft prouué par vne raifon puifeé de la grandeur des Eftoiles.

PYthagore a fouuent appellé la terre vne lune,
& apres tout qu'eft ce qui empefche que la
terre ne foit auffi bien mife au nombre des Eftoiles
comme la Lune, veu que comme nous auons dit,
le corps de L'vne & de l'autre eft de matiere opa-
que & pefante, que l'vne & l'autre emprunte fa
lumiere du Soleil, que l'vne & l'autre eft folide
& reuerbere les rayons de ce flambeau du monde, que l'vne & l'autre iette des vertus & efprits
de foy, & que chacune eft fufpenduē en fon air
ou ciel & fur fon centre, & ayans toutes ces chofes de commun, ne peut il pas eftre que la Lune,

& par consequent les autres Estoiles plus grandes
quelle infiniment, ayent des habitans, & certes
cela surpaſſe toute croyance, que de ſi grandes
maſſes comme les aſtres qui ſurpaſſent la terre d'vn
grand nombre de fois, fuſſent oiſiues & ſteriles,
qu'aucunes creatures ne les habitaſſent, & que
leurs mouuemés, trauaux & actions, ſe tournaſſent
ſeulement à l'vtilité de ce ſeul globe terreſtre qui
eſt le plus vil & abiet de tous.

Chap. VIII. prouuant le meſme par la creation
multitude & ſocieté des choſes.

Dieu ſe trouuant par maniere de dire las de
ſolitude, ſortit comme hors de ſoy, par la
creation, & s'eſcoula comme tout en creatures, &
leur commanda la multiplication, & n'eſt-il pas
auſſi plus conuenant à la bonté & gloire diuine,
d'auoir fait vn ſeul vniuers comme vn Empire,
orné de diuerſes ſortes de diuers mondes comme
de Prouinces ou de Cités, & que ces diuers mondes ſoient les domicilles de tant de citoyens &
habitans ſans nombre de diuers genre, & que toutes ces choſes ſoyent creées pour la grande gloire
de leur eternel Architecte, & que le Soleil ſoit au
milieu qui les eſclaire tous eſgalement.

Chap. VIIII. Confirmant la pluralité des mon-
des par la priuation de la ſcience des
hommes, apres le peché d'Adam.

Cette doctrine de pluſieurs mondes ou globes
habités ne choque point les ſainctes Eſcritu-

res, qui nous baillent seulement la creation de
celuy que nous habitons, duquel elle nous a mesme dit ce qu'elle nous en a laissé plus en discours
mystique que clairement ne faisant que toucher
legerement les autres creatures de l'vniuers, afin
de donner plus suiet d'admirer que de cognoistre
aux esprits foibles des hommes, decheus depuis
long-temps de la cognoissance des sciences, c'est
obscurcissement de la verité, & ces tenebres de
l'entendement humain ont esté vne partie des
peines que le peche d'Adam atira sur nous, à
cause duquel l'homme fut exclus des delices du
Paradis, de la volupte qui est en la cognoissance
des sciences, de la vraye cognoissance de la nature
& des choses celestes, afin que celuy qui s'estoit
esleué au desir mauuais des choses deffenduës, fut
iustement priué des cognoissances qui luy auoient
esté concedées.

Chap. X. Contenant vne raison prise de ce que la terre n'est pas le centre du Monde, mais le Soleil, auec vne description de la sphere de Copernicus

THeophraste escrit que Platon sur sa vieillesse
se repentit d'auoir colloqué la terre au centre
du monde, & sainct Chrysostome dit que le vray
lieu & situation de la terre n'est pas cognu, & du
depuis Nicolas Copernicus tres-grand Astrologue, qui apres s'estre long-temps adonné à la
commune Astrologie en a recognu la fausseté,
à si bien estably cette opinion, & la renduë auiourd'huy tellement appprouuée des meilleurs

esprits, que ie ne mets point en doute que la raison que i'en veux puiser ne passe pour pertinente, il a appuyé son opinion par de belles demonstrations qui ont renuersé l'Astrologie auciéne, sans pourtant renuerser la science, mais il a seulement trouué la verité & les mesmes predictions, aspects & autres choses necessaires par ses nouuelles maximes, qui ont establly cette science auec plus de clarté & de certirude, il colloque le Soleil au centre du monde, ou il est immobile, comme vn grãd flambeau au milieu de l'vniuers, & comme vn Roy sur son siege, d'ou il regit tous les globes celestes qui ne sont que de terres semblables à celle que nous habitons, au tour de la terre il fait mouuoir la Lune seule, & au tour du Soleil Venus & Mercure, & apres Mars, Iupiter & Saturne & les autres spheres enuelopent tout cela, & par ainsi la terre se trouue esloignée du centre de l'vniuers, & dans le troisiesme Ciel, de sorte qu'estant distante du centre, il est tres-aisé de dire que les autres globes de pareille ou mesme de plus vaste estenduë qui sont en esgale distance du centre du monde qui est le Soleil, peuuent estre de globes habités de creatures dont nous ignorons les vrayes descriptions, On en peut voir la figure dans Campanella, Gassendi & autres Autheurs.

Chap. XI. prouuant la mesme chose par le mouuement de la terre.

LE mesme Copernicus, qui apres Philolaus Crotoniate, Ecphantes Ponticus, Heraclides Nicetas Syracusius, Democrite, Timeus, Aristarchus

chus & Seleucus, a établi & renouuellé l'opinion
du mouuement de la terre & du repos du Soleil,
nous donne par ce mouuement vn moyen de
prouuer encore noſtre opinion, car ſi la terre ſe
remüe dans les airs, & fait ſon cours comme les
aſtres loin du centre du monde, qu'eſt ce qui empeſche qu'elle ne ſoit miſe au rang des Eſtoiles, &
au contraire les Eſtoiles qui ont de pareils mouuemens, d'eſtre des terres, & ſi elles ſont des terres à quoy faire ſi elles ne ſont habitees, & afin
que nous ne diſions rien ſans le prouuer, le Chapitre ſuiuant prouuera le mouuement de la terre.

Chap. XII. prouuant le mouuement de la terre.

NOus auons promis cy-deſſus de prouuer le
mouuement de la terre, parce que nous en
auons tiré vn argument pour confirmer noſtre
opinion, bien que la plus part des honneſtes gens
croye maintenant ce mouuement de la terre comme eſclaircıſſant mieux le cours des aſtres, les
ordres des cieux, & le flux & reflux de la mer, ie
ne laiſſeray pas d'en dire quelque choſe.

Le Ciel & les Eſtoiles auoient branlé trois
mille ans, tout le monde l'auoit ainſi creu, iuſqu'à
ce que Cleanthes le Samien, ou ſelon Theophra-
ſte Nicætas Syracuſien, s'aduiſa de maintenir
que c'eſtoit la terre qui ſe mouuoit ſur ſon aiſſieu,
& de noſtre temps Copernicus a ſi bien fondé
cette doctrine qu'il s'en ſert tresreiglement à toutes les conſequences d'Aſtrologie, & deſpouïlle
noſtre eſprit des impoſſibilitez que les Aſtrolo-

C

gues anciens nous taifoient croire, car à leur con-
te il faloit que le premier mobile fit en vne minute
700640. milles & demy, & qu'vn mefme corps
eut des mouuemens, contraires n'eſt il pas plus
probable que ce ſoit la terre qui ſe tourne en
24. heures d'Occident en Orient, comme l'auoit
anciennement creu Timeus Locrenſis, Philolaus,
Aniſtarcus, Franciſcus Marius, & autres que
nous auons citez ailleurs.

Kepler, Longomontan, Origan, Campanella,
& autres de noſtre ſiecle, ont recogneu cette verité, & Galileus, ſemble eſtre de meſme opinion,
lors qu'il dit que ſi la terre ne tournoit la mer ne
pourroit auoir ſon flux ny ſon reflux.

Il en eſt de nous comme de ceux qui ſont ez Iſles
flotantes ou dans vne Nauire, qui croyent de ne
ſe remuer pas, & que au contraire, les bords de la
mer s'enfuyent d'eux, car nous ne pouuons aper-
ceuoir le mouuement de la terre, tant à cauſe de ſa
grandeur, que de ce que nous ne ſommes point
deſtachez d'elle.

Que ſi on oppoſe des paſſages de l'Eſcriture
ſaincte qui diſent que le Soleil eſt mobile & la
terre ſtable, ne ſuffira il pas de reſpondre, que
Dieu parle ſelon la croyance des hommes, comme il a fait ſur mille autres ſuiets, comme lors
qu'il appelle la Lune le grand luminaire, bien
qu'il y en ayt vne infinité de plus grands.

Quand à l'argument qu'on tire d'vne pierre
ietée de haut qui deuroit tomber fort loin de nous
ſi la terre tournoit. Ie reſpons que l'air roule auec
la terre, & qu'vn corps peſant met ſi peu de temps
à tomber, que la terre ne peut s'eſtre eſcartée de
luy par ſon mouuement en 24. heures,

On oppofe auffi que les Tours tomberoient, & que les nuées & les riuieres fuiuroient toutes le cours de la terre, mais ie refponds que les nuées font agitées des vents, & par ainfi ne peuuent fui-ure le cours de la terre, & quand aux Tours, elles ne peuuent tomber, veu que le mouuement de la terre n'eft pas violent, & que les Tours tendent toufiours à caufe de leur pefanteur au centre de la terre, & non à s'efcarter de leur affiette: pour le re-gard des Riuieres, la terre eftant comme vne noix de gale, il peut eftre qu'vne Riuiere ira vers Oriet par la pente que fon lit à vers le centre de la terre, quoy que la terre aille vers Occident, ce qu'on peut tres-aifement comprendre fi on s'imagine vn homme qui fe promenera dans vn bateau & por-tera fes pas vers Orient pendant que le bateau va vers Occident.

On oppofe beaucoup d'autres raifons, affez foibles, mais y ayant plufieurs traittez touchant le mouuement de la terre, qui en donnent la fo-lution, & qui concilient les paffages des fainctes Efcritures fur cette matiere, entre lefquels eft Fofcarinus & Barantzanus, i'y renuoyeray les curieux, & me contenteray de ce peu que i'en ay dit.

Chap. XIII. prouuant la pluralité des Mondes par la varieté de toutes les chofes naturelles.

LA nature eft fi diuerfe en toutes fes opera-tions, & Dieu a mis vne telle varieté en tous fes ouurages que nous ne trouuons rien d'vnifor-me en ce monde, tout y eft diuers, & cette gran-

de diuerſité nous fait admirer dauantage le Createur de c'eſt vniuers, s'il en eſt ainſi de la terre
qui eſt preſque le plus petit des globes, que ne
le ſera il pas des celeſtes qui ſont infiniment plus
grands, c'eſt ce qui a meu Campanella à dire, que
bien que Dieu & la nature ne faſſent rien en vain,
ce ſeroit en vain qu'il y auroit vn ſi grand nombre
d'Eſtoiles plus grandes que la terre, s'il ny auoit
en elles diuerſes demonſtrations des Idées de
Dieu, il eſt doncques raiſonnable que non ſeulement les quatre Elemens ſoyent en chaque Eſtoile, mais auſſi les hommes, beſtes, & plantes, &
tout ce qui ſe void parmy nous, c'eſt ainſi que ce
fameux homme a parlé de noſtre temps.

Chap. XIV. des meſures & dimenſions des Aſtres, & leurs diſtances de la terre, & proportions auec icelle, auec vn argument pris de ces diſtances, pour prouuer la pluralité des Mondes.

OR parce que nous auons parlé ſouuent de la
grandeur des aſtres, & comme ils ſurpaſſent
la terre en eſtendüe, & de leurs diſtances infinies,
il ne ſera pas hors de propos de les inſerer dans ce
chapitre, ces diſtances ſont vn peu diuerſement
baillées par diuers Autheurs, mais la difference
eſtant petite cela ne nous importe pas, voicy les
diſtances que baille Carolus Rapineus en ſon liure appellé Nucleus Philoſophiæ.

La Lune eſt plus petite que la terre de 39. fois,
& ſelon Cardan de   39. fois & demy.

Mercure est plus petit que la terre de 2200, fois.

Venus de   37. fois.

Le Soleil est plus grand que la terre de 166. fois.

Mars,   1. fois.

Iupiter,   95. fois.

Saturne,   91. fois.

Les Estoiles fixes sont innombrables, mais celles que les Astrologues remarquët sot 1022.& sont de 6. grandeurs, celles de la premiere grandeur sont 15 & sont plus grandes que la terre de 117. f.

Celles de la seconde grandeur sont 45, & sont plus grandes que la terre de   90. fois.

Celles de la troisiesme sont 208, & le sont de 70. fois.

Celles de la quatriesme qui sont 472, le sont 54. fois.

Celles de la cinquiesme qui sont 17. le sont 37. fois.

Celles de la sixiesme sont 49. & 5. nebuleuses, & 9. lucides, & toutes sont plus grandes que la terre,   18. fois:

Le concaue de la Lune est esloigné du centre de la terre 14291. lieües, c'est à dire   28541. miles.

Du centre de la terre à Venus il y a 542749. mi.

Au Soleil,   3640000. miles.

A Mars,   3965000. m.

A Iupiter,   28847000. m.

A Saturne,   46816250. m.

Au concaue du firmament,   65357500. m.

L'espesseur de l'orbe de la Lune est de 99504. m.

De celuy de Mercure,   334208. m.

De Venus,   3097251. m.

Du Soleil,   32500. m.

De Mars, 848820000. m.
De Iupiter, 1796y250. m.
De Saturne, 1854250. m.
Du firmament, 55357500. m.

Le diametre de la terre eſt de dix mile & huict cens miles, & ſelon Cardan de 10000. miles.

Sa circonference eſt de 31400. & ſelon Cardan de 31000. milles & demy.

Son Semidiametre eſt de 5000. miles.

Ces choſes eſtans n'eſt-il pas vray-ſemblable que de corps ſi grãds & eſloignés les vns des autres cachent en eux & contiennent quelque choſe comme fait la terre, du moins ceux qui ſe meu-uent & ſont de planetes comme elle, & qui rou-lent au tour du grand corps lumineux du Soleil qui leur communique à tous la lumiere.

Chap. XV. auquel la pluralité des Mondes eſt prouuée par vne raiſon priſe de la couleur des Aſtres.

SI nous voyons & diſcernons naïuement, non ſeulement par le viſuel mais meſme par noſtre propre venë ſans ayde d'aucun inſtrument, vne grande difference es aſtres, en grandeur, couleur, lumiere, & autres façons, ne dirons nous pas que ces couleurs diuerſes teſmoignent leur diuerſe nature, & leur mixtion corporelle, & que par conſequent ils peuuent eſtre des corps comme la terre.

Chap. XVI. prouuant le mesme parce qu'il ny à rien de vuide en la nature.

NOus ne pouuons rien remarquer de vuide en toute la nature, cela est palle pour vne ferme-maxime, & a fait dire à Hermes dans son Asclepe, que toutes les parties de l'vniuers estoient tres-pleines, l'vniuers est plein de globes ou astres, ces astres & particulierement la terre ou nous sommes est remplie de mers & de fleuues, bestes à quatre pieds, hommes, oiseaux, & mineraux, les eaux sont remplies de poillons, ces choses ont encore en elles, & iusques en leurs centres, vne varieté si grande que leur anatomie nous porte dans l'admiration, enfin on se pert dans ces subdiuisions, & pourquoy les astres ne seront ils pas de mesme, veu que desia comme il a esté prouué par le Chapitre precedent nous y voyons quelque varieté, principalement en la Lune ou les montagnes & eaux sont euidentes, & se distinguent tres-bien par vne bonne lunete, au moyen de laquelle on a descouuert aussi vne insigne montagne dans l'Estoile de Mars

Chap. XVII. prouuant la pluralité des Mondes par la pluralité des hommes, & parce que les choses hautes sont comme les basses.

LE grand Mercure Trismegiste qui pour son sçauoir extraordinaire a acquis le nom de trois fois tres-grand nous a laissé ce bel aphorisme, que les choses basses sont comme les hautes, & au

contraire les hautes comme les baſſes, cela veut
dire, que ce monde nous eſt vn exemple pour ſans
qu'il en faille ſortir, auoir la cognoiſſance de ceux
qui roulent ſur nos teſtes, & meſme Dieu a mis
en nous meſme aſſés dequoy puiſer les raiſons de
toutes choſes, il ne faut que nous conſiderer, tout
le monde eſt d'accord que l'homme eſt vn micro-
coſme, c'eſt à dire vn petit monde, de ſorte que
les hommes eſtans en grand nombre, les grands,
mondes le doiuent eſtre à l'image deſquels il a
eſté baſti, comme on void par ſa conformité auec
iceluy, mais il faudroit faire icy vn liure de cette
conformité, c'eſt pourquoy pluſieurs Philoſophes
l'ayans deſcrite, ie la paſſeray ſous ſilence.

Chap. XVIII. ou le meſme eſt prouué par des raiſons priſes de la puiſſance de Dieu, de la raiſon humaine, de ce qu'il ny a rien d'vnique & autres conſiderations.

IE ne craindray point à dire que les hommes
qui nient cette belle opinion ſemblent s'irriter
contre eux meſme, accuſer Dieu d'impuiſſance,
& leur raiſon de fauſſeté, & afin que ie leur faſſe
prononcer l'Arreſt de leur condamnation par
autre bouche que par la mienne, ie veux qu'ils
eſcoutent ce grand Michel de Montagnes qui
paſſe parmy tous les plus honneſtes hommes
pour vn des plus raiſonnables qui ayent eſté de
ſon ſiecle, il tient ces meſmes paroles en ſon
apologie pour Raymond de Sebonde.

Ta raiſon n'a en aucune autre choſe plus de
veriſimilitude & de fondement qu'en ce qu'elle
te perſuade la pluralité des mondes.　　　　*Ter-*

Terramque, & folem, lunam, cætera quæ funt.
Non effe vnica, fed numero magis innumerali.
c'eſt à dire

La terre, le Soleil & la Lune admirables,
Vniques ne ſont point mais pluſtoſt innôbrables.

Les plus fameux eſprits du temps paſſé l'ont
creüe & aucuns des noſtres meſmes forcés par
l'apparence de la raiſon humaine, d'autant qu'en
ce baſtiment que nous voyôs il n'y a rien ſeul & vn
Cum in ſum na res nulla ſit vna
Vnica qua gignatur, & vnica, ſolaque creſeat.
ce'ſt à dire.

Veu qu'il ny a rien d'vnique dans ce monde,
Qui naiſſe ſeul, ſur la terre ou ſur l'onde,

Et que toutes les eſpeces ſont multiplieés en
quelque nombre, par ou il ſemble n'eſtre pas
vray ſemblable que Dieu ayt fait ce ſeul ouurage
ſans compagnon, & que la matiere de cette forme ait eſté toute eſpuiſée en ce ſeul indiuidu.

Quare etiam atque etiam, tales fateare neceſſe eſt
Eſſe alios alibi congreſſus materiai;
Qualis hic eſt auido complexu quem tenet æther.
c'eſt à dire

Partant il eſt force de confeſſer
Qu'ailleurs y à des amas de matiere
Comme celuy quenuelope noſtre air.

Notament ſi c'eſt vn animàl, comme ſes mouuemens nous le rendent ſi croyable, que Platon
l'aſſeure, & pluſieurs des noſtres, ou le confirment,
ou ne l'oſent infirmer.

Or s'il y a pluſieurs mondes comme Democrite, & preſque toute la Philoſophie a penſé, que
ſçauons nous ſi les principes & les reigles de ce-

D

tui-cy touchent pareillement les autres , ils ont à
l'aduanture autre vissage , & autre police, mais
puis que tout est diuers en cestui-cy, voire en vne
petite distance, il est à croire que les autres mondes doiuent estre diuers , pourquoy Dieu tout-
puissant comme il est, auroit il reilreint ses forces
a certaine mesure.

Chap. XIX. Par quelles raisons on peut prou- uer que le monde est animé.

PVis que M. des Montagnes a parlé cy-dessus
de l'ame du monde, il ne sera pas hors de propos de faire voir par quels argumens se peut prouuer cette opinion afin qu'on ne croye pas qu'il
l'ait proposée mal à propos, outre que cela peut
seruir en quelque sorte à nostre suiet.

Si le monde est vn animal raisonnable , comme ont prouué beaucoup de grands personnages,
il ne sera pas estrange de croire que la terre ayt du
mouuement ny par conséquent qu'elle soit vne
Estoile errante ou planete habité, & que de mesmes les autres astres peuuent estre habitez. Or si la
terre tourne n'est-il pas aussi necessaire d'aduoüer
que ce qui la fait mouuoir luy sert d'ame, comme
nostre ame fait remuer nostre corps: quelques vns
ont creu que Dieu estoit l'ame du monde , & qu'il
estoit dans l'vniuers comme l'ame dans le corps
humain, c'est à dire tout par tout, & tout en chaque
partie & que par ainsi le môde pouuoit estre animé
& appellé vn grand animal rond, & comme dit
Montagnes n'est-il pas plus vray semblable que
ce grand corps que nous appellons le monde, est

chose bien autre que nous ne iugeons, les Pythagoriciens, Xenophon, Platon, & toute son Escol-
le ont enseigné, & creu cette opinion, & après
eux Marsile Ficin, & Hierome Fracastor Mede-
cins celebres, & de nostre temps Campanella, qui
en prend à tesmoins, Seneque, Origene, Eusebe
& Gregoire de Naziance.

Que si quelqu'vn disoit, le monde ne peut estre
vn animal, veu qu'il n'a ny pieds, ny yeux ny
mains, ny autres parties comme les animaux, ie
les prie de considerer, qu'il n'est pas necessaire
qu'il aye des pieds veu qu'il ne marche pas sur
les autres animaux, ny des yeux & oreilles parce
qu'il ne peut voir ny ouyr rien qui soit hors de
soy, mais les mains de cét animal mortel, comme
ceux qu'il contient, & que nous contenons sont
ses rayons & vertus, ses yeux les astres, son sang
les eaux & ainsi il a d'autres choses analogues a
nos membres, sans qu'il ait pourtant besoin des
membres que nous auons, ny à il pas de bestes
monstrueuses à nostre esgard qui pourtãt viuent à
leur aise, & sont parfaites en leur genre, elles se
passent fort bien d'auoir les membres que nous
auons ny leur situation comme celle des nostres.
Combien de poissons y a-il qui ont la bouche au
ventre, les yeux & les autres parties en de lieux
extrauagans, d'autres bestes ont le fiel à la teste &
à la queuë, & mesme il y a des hommes qui ont
la teste dans la poitrine, ainsi le monde peut estre
fabriqué d'vne façon qui nous est incognuë, son
mouuement tesmoigne sa vie, & le flux & reflux
des eaux sa respiration, il y à beaucoup d'autres
raisons pour prouuer la mesme chose, mais ie

D 2

renuoyeray les curieux à Platon, Sextus, Empiricus, Ficin, Macrobe, Campanelle, & autres pour
efuiter d'eftre prolixe.

Chap. XX. prouuant la pluralité des Mondes
par vne raifon tirée de l'infinité des caufes,
& par les taches de la Lune dont l'Au-
theur a baillé la figure

L E S taches de la Lune, dont Plutarque a fait
vn traitté dont nous pourrions icy rapporter
beaucoup d'obferuations, nous font vn affez
vray-femblable tefmoignage que la Lune eft côme la terre, garnie de riuieres & de mers, de montagnes, valées & autres chofes pareilles, car fes
taches ne font point l'ombre de la terre comme
quelques vns ont penfé, veu qu'elles ne changent
iamais de forme comme elles feroient felon les diuerfes parties de la terre aufquelles la Lune ref-
pondroit par fon mouuement, & veu qu'elles n'ôt
aucune conformité auec la terre ny auec les mers,
& pour vn dernier en ce que noftre veuë, aydée
des meilleures lunetes y obferue les mers, & l'e-
minence de diuerfes montagnes & autres chofes
notables, on en peut voir les cartes & figures im-
primées dans Heuelius, Argolius, & plufieurs autres, & dans mon liure de Telefcopio imprimé à
la Haye, c'eft pourquoy ie ne le repeteray pas icy.
Ces taches font voir qu'elle participe de la nature elementaire, & terreftre, & par confequent
des autres Elemens, c'eft ce qui a fait dire à Platon que les Eftoiles eftoient compofées de terre,

& de feu, à caufe de leur lueur, & de leur maffe corporelle.

Encore peut on prouuer cette pluralité des mondes par la varieté des caufes qui le compofent, & les diuerfes combinations qui s'en peuuent faire, c'eft l'argument duquel fe fert Metrodorus dans Plutarque au liure des opinions des Philofophes ou il dit, que la ou font les caufes, les effets y doiuent auffi eftre, & les caufes du monde eftans en grand nombre les mondes le doiuent eftre auffi, les caufes du monde font les quatre Elemens, & autres que nous pouuons ignorer, ou l'infinité des atomes de Democrite, fi nous n'aymons mieux dire que c'eft Dieu, lequel eftant infiny, a de mefme creé infinité non feulement de mondes, mais de toutes chofes, & certes ce feroit comme dit le mefme Philofophe vn laid fpectacle, s'il ny auoit qu'vn efpy de bled dans vn fort grand champ, il en feroit de mefme du Ciel, s'il eftoit vray qu'il n'y eut qu'vne terre.

Chap. XXI. auquel le mefme eft prouué par des raifons tirées des obferuations de Galileus & autres cöme des Eftoiles de Iupiter, & des taches du Soleil.

CE grand Galileus qui ne fembloit eftre nay que pour efclaircir les doutes de l'Aftrologie, a defcouuert par fa merueilleufe inuention des lunetes qui portent fon nom des chofes nouuelles dans les aftres, il eft le premier qui a dreffé fes telefcopes ou vifuels vers les cieux, & a veu par leur moyen que la voye de lait eftoient de petites estoiles qui confondent leur lumiere par leur proximité, & grand nombre, il a apperceu aussi la superficie lunaire, non vnie. mais raboteuse & pleine d'eminences & cauités.

Il a remarqué que l'estoile de Venus imitoit le cours de la Lune, estant tantost pleine, tantost à demy, & tantost en faucille, & a obserué la sensible mutation des grandeurs aux diametres de Venus & de Mars, choses tres-importantes pour les theories de Copernicus & de Tychobrahe.

Il a fait honte au Soleil luy descouurant ces taches que durant tant de siecles il auoit enseuelies dans sa lumineuse obcurité, & que ces taches n'estoient pas fixes & eternelles comme celles de la Lune, mais qui disparoissent & renaissent de nouueau, se tournans autour du Soleil : il a trouué aussi 4. nouueaux planetes qu'aucun Astrologue ancien n'auoit remarqués, qu'il a nommés, Astres de Medicis, en faueur de son Prince, ces planetes se meuuent à l'entour de Iupiter seulement, ce qui a obligé quelques vns à croire que Iupiter estoit vn autre monde ou vn autre Soleil autour duquel rouloient d'autres planetes comme au tour de celuy qui nous esclaire.

Il a obserué de plus que l'estoile de Saturne auoit trois corps, en ayant deux autres a ses costés, & que l'estoile de Iupiter estoit tacheé de ceintures ou zones qui la ceignent, ce qui se void tres-naifuement par les telescopes fabriqués par Torricelli Florentin qui les fait en grande perfection.

Ce sont les belles obseruations de c'est illustre personnage, qui quoy que petit de corps auoit vn esprit si grand que tout le monde a compati à

ſa perte, il deuint aueugle pour auoir trop tra-
uaillé à ſes obſeruations, & çeluy qui auoit fait
bien voir tout le monde, n'a peu iouir de la lumiere ny de ſon inuention.

A toutes ces obſeruations Foſcarinus adiouſte
qu'on a veu Venus Tricorpore comme Saturne &
que Iupiter a quatre corps, Mais ſelon Gaſſendus
Fontana Neapolitain à à preſent le plus excellêt
teleſcope qui ſoit au monde, par lequel il a veu
les quatre planetes qui ſont au tour de Iupiter
comme quatre Lunes, deux au tour de Saturne
qui forment par fois à ces coſtés comme deux
anſes: en Mars, vn petit globe au milieu d'iceluy,
& a ſes bords vn cercle noiraſtre, & au tour de
Venus deux Lunes ou eſtoiles.

Chap. XXII. prouuant la pluralité des Mondes
par le moyen d'vne raiſon priſe des nuées,
& dès eaux ſurceleſtes.

Par le teleſcope nous voyons voler au tour
du Soleil des nuées, qui ne peuuent s'eſleuer
que de la Lune, des autres eſtoiles, ou peut eſtre
du Soleil meſme, parçe quelles ſont par dela la
region des meteores, Or ſi les aſtres engendrent
des nuées ils ont en eux des eaux, ſi l'element de
l'eau y eſt, celuy de la terre & les autres ont meſme priuilege d'y eſtre, or qu'il y ait des eaux, le
premier chapitre du Geneſe le prouue clairement
lors qu'il dit, puis Dieu dit qu'vne eſtendüe ſoit
entre les eaux, & qu'elle ſepare les eaux d'auec
les eaux, & Dieu fit l'eſtendüe & ſepara les eaux
qui ſont au deſſous de l'eſtendüe de celles qui

font au deſſus de l'eſtenduë, & nomma l'eſtenduë
Ciel, & les eaux du deſſous des cieux mer, Eſdras
dit le meſme en ces termes, c.6. tu cōmādas qu'vne
partiē des eaux ſe retiraſt en haut & l'autre en bas.
Ces eaux ſurceleſtes ou ſont elles ie vous prie ſi
elles ne ſont dans les aſtres, car de dire qu'elles
ſont dans les nuées, c'eſt vne foible raiſon, veu
qu'outre qu'elles ne pourroient contenir des mers,
il eſt dit au Geneſe c.1. que Dieu n'auoit encore fait
monter aucune vapeur de la terre, ny deſcendre
aucune pluye ſur icelle, & par conſequent il ny
auoit point de vapeurs d'eſleuées pour les former,
& qui les auroit eſleuées veu qu'il ny auoit encore
de Soleil qui eſclairaſt le monde.

Tendons doncques les yeux vers les cieux, &
comme de nouueaux Gymnoſophiſtes qui regar-
doient perpetuellement le Soleil, remarquont y
de nouueaux mondes dont il eſt merueilleuſemēt
enrichy, qui ſont diuers en grandeur, lumiere &
autres qualitez, ne ſoyons point comme ces villa-
geois qui n'ayans iamais veu de grandes Villes ne
peuuent comprendre qu'il y ait d'autres Villes
plus belles ny plus grandes que leur village, mais
eſleuons nous iuſques aux choſes les plus eſloi-
gnées, par la nobleſſe de noſtre eſprit, quoy que
ce ſoit vne tres-haute entrepriſe, ô que bien-heu-
reux eſt celuy, qui quand il luy plaiſt peut deſta-
cher ſpirituellement ſon ame, & par ſes belles meditations l'eſleuer à la cognoiſſance & contempla-
tion de ces mondes, lors qu'on ſe l'eſt renduë fa-
miliere, & s'eſt deſpoüillé de toute preoccupation,
on ne trouue rien de plus doux, ny de plus vray-
ſemblable. Qu'elles lettres & quel particulier
　　　　　　　　　　　　　　　　　priuilege

priuilege ont ceux qui croyent le contraire, que
nous nous deuions arreitera eux, & qu'a eux ap-
partienne à iamais la poiïeiïion de noïtre croyance. On nous feint cinq zones au Ciel & autres
choïes qui ne ïont que ïonges & fanatiques folies,
vous diriez qu'ils ont eïté ia haut pour ie voir,
nous leur pouuons dire ce que dit autresfois Diogene à quelqu'vn de cette eïtoffe, depuis quand
es-tu venu des cieux. Il nous eït doncques permis
d'eïtabur auïïi bien qu'eux de nouuelles maximes,
& de croire par la force de nos raiïons ce que nous
aurons propoïé, & non ce que les autres nous ra-
content ïans raiïon ny vrayïemblance; que ne
plaïît il a la nature nous ouurir vn iour ïon ïein
& nous faire voir au propre la conduite de ïes
mouuemens, & ce qui eït contenu dans ces grandes maïïes qui brillent dans les cieux, quels abus
& meïcontes trouuerions nous en toutes les ïcien-
ces.

Chap. 23. auquel eït prouué le meïme par vne raiïon priïe du lieu où s'arreïtent les nuées ïans aller plus auant.

NOus auons cy-deïïus parlé des nuées, & en
auons tiré vn argument pour prouuer noïtre
opinion, nous en pouuons encore tirer celuicy à
ïçauoir, que les nuées & vapeurs eïtans legeres
deuroient monter ïans borne iuïques à perte de
veue, s'il n'y auoit d'autres globes terreïtres dans
le Ciel, ny d'autre atraction que celle du centre
de la terre, mais nous remarquons que meïme au
plus fort de ïeïté les nuées ne montent qu'vne

lieue & demy, & que les plus fortes vapeurs ne
montent que douze lieues d'Alemagne, d'ou nou
deuons colliger qu'elles montent iusques à la bor
ne de l'actiuité & atraction du centre de la terre,
ne pouuäs passer plus outre parce que ce seroit tendre en bas a sçauoir vers le centre de quelque autre globe terrestre. Mais pour me donner mieux à
entendre il faut remarquer que comme l'aimant à
vne certaine force d'atturer le fer ou de mouuoir
les aiguilles des boussoles, iusques à certaine distance & non au dela, que de mesme la terre, qui
selon quelques vns est vn grand Aimant, dont la
circonferance & actiuité s'estend iusques à certaine hauteur vers la Lune, & les autres astres ont
de mesme vne semblable circonference iusqu'à laquelle leur vertu & atraction de leur centre se peut
estendre, de sorte que les nues estans paruenues à
cette distance qui fait vn milieu entre nous & la
Lune s'arrestent, ne pouuans aller au dela parce
qu'elles descendroient vers la Lune ou vers quelque autre astre, ce qui seroit contre leur naturel
qui est de monter tousiours, de sorte que si vn
corps pesant, comme vne pierre iettée, pouuoit
aller par dela le point d'atraction de la terre, elle
ne tomberoit point sur la terre, mais sur l'astre
duquel le point d'atraction s'estendroit iusques au
lieu ou seroit allee cette pierre, c'est ce qui a fait
dire à Bacon dans son liure de _Progressu scientiarū_,
que Gilbertus n'auoit pas douté mal à propos
que les corps graues, apres vne grande distance
de la terre, despouilleroient peu à peu le mouuement qu'ils ont vers les choses inferieures.

Chap. XXIIII. contenant vne raison prise de l'Oiseau de Paradis.

CE nouueau monde que nos peres ont descouuert parmy vne infinité de rares choses qu'il
nous a communiquées, Nous a fait part d'vn oiseau que les Indiens appellent Manucodiata,
c'est à dire oiseau de Dieu, ou de Paradis, c'est
oiseau est si beau qu'il ny en à aucun sur la terre
qui l'esgale, sa figure est aussi d'vne façon si extraordinaire que iamais on n'en a trouué aucun
comme celuy la, car il n'a ny pieds, ny vrayes
aisles, mais à comme vne robe de plumes faites
d'autre façon que celles des autres oiseaux, on ne
le trouue iamais que mort sur la terre ou dans la
mer, personne n'a veu ny ses œufs, ny son nid, &
on asseure qu'il vid de l'air, c'est oiseau ne se trouuant iamais sur terre n'est il pas raisonnable qu'il
vienne de quelque astre, ou il nait & vit, & que
s'estant esleué par dela le point d'atraction de l'E-
stoile qu'il habite, il meurt par le changement de
son air natal auec celuy qui ne luy est pas propre, & mourant tombe sur nostre terre. Or si dans
les astres l'on trouue des oiseaux il faut que le
reste des animaux y soyent puis que tous ont mesme droit d'y habiter. Et quãd mesme ce que quelques vns asseurent seroit à sçauoir, qu'il à des pieds
mais courts, ou qu'on luy coupe pour le faire trouuer plus rare, cela n'empesche pas la raison qui
s'en tire pourueu que le reste de sa nature soit veritable, que s'il a des pieds cela se doit entendre
de quelqu'vne de ses especes seulement, car il y en

a de 5. ou 6. fortes dans Aldrouandus dont les
vns ont de pieds, & non les autres

Chap. XXV. auquel eſt rapportée vne raiſon priſe des Eclipſes.

AVant la creation de tout cét vniuers Dieu
s'eſclairoit luy-meſme, & ſe contemploit, il
eſtoit comme vn Liure fermé qui enfin s'eſt ou-
uert, & a comme eſtalé ce qu'il receloit en ſoy,
de ſorte que l'vniuers n'eſt qu'vne image euidente
de ſa diuinité cachée, il y eſt par tout comme l'a-
me en tout noſtre corps, & compaſſe par ſa volonté tous les mouuemens des Spheres, parmy
toutes leſquelles il a eſtendu les airs comme vn
parchemin qui ſe roulant au iour du iugement
ſera reduit au ſilence ancien, ou pour mieux dire
dans le neant.

C'eſt ordre admirable qu'il a eſtably ſe void en
cét inuariable cours des planetes ſur lequel les
Aſtrologues font de certaines Ephemerides pour
vn grand nombre d'années, & prediſent les Ecly-
pſes des ſiecles à venir, ſans les manquer d'vn moment.

Ces aſtres eſtans de meſme nature s'eclypſent
les vns les autres, la terre eclypſe la Lune, la Lune le Soleil, & ainſi des autres, ſi leur petiteſſe
n'eſt ſurmontée par la grandeur de ceux qu'ils
veulent obſcurcir, comme le teſmoigne l'Obſer-
uation d'Auerroes qui a veu Mercure dans le centre du Soleil, lequel y paroiſſoit noiraſtre, ſa lumiere s'il en à, eſtant amortie par la preſence du
Soleil.

Or de ces Eclipses, ou defauts de lumiere es
Estoiles, nous pouuons tirer vn ferme raisonne-
ment pour confirmer nostre opinion, car cela
tesmoigne qu'ils sont de nature terrestre, & que
leur lumiere est empruntee, la Lune paroist noire
lors que la terre l'empesche d'estre esclairée du
Soleil, & plusieurs Philosophes ont creu que toutes les Estoiles empruntoient leur lumiere du Soleil, elles sont doncques opaques de leur nature,
& par consequent terrestres, & enfin peuuent
auoir de mesmes diuersitez que la terre, comme
des hommes, bestes, plantes, & tout ce qui se
void icy bas parmy nous, comme ont estimé les
Pythagoriciens, & à quoy s'accorde Copernicus.

Chap. XXVI. prouuant le mesme en ce que ce seroit faire agir Dieu par necessité.

S'IL n'y pouuoit auoir diuers mondes en c'est
vniuers Dieu ne pourroit pas agir auec toute
puissance & liberté, mais par quelque necessité, ce
qui seroit vne grande impieté à le penser tant seulement, car Dieu peut asseurement non seulement
auoir faits d'autres mondes, mais mesme de beaucoup plus parfaits, car sa puissance ne s'est pas espuisée, ny la matiere qu'il pouuoit créer du neant
aussi bien que celle de nostre terre, partant comme il a creé ce monde, il en a peu créer d'autres.

Chap. XXVII. comment verrions nous la terre si nous estions esloignez d'elle.

Quelqu'vn pourroit demander si les astres
sont des terres, & la terre va astre comment

verrions nous la terre si nous estions esloignez
d'elle, Clauius en son docte Commentaire sur
Sacrobosco, a pris la peine de faire des supputa-
tions sur cette question, & a trouué que si quelqu'vn estant placé dans le globe de la Lune regardoit la terre, elle luy apparoistroit trois fois
plus grande que la Lune ne nous apparoist grande
d'icy, & vn peu d'auantage, & si on estoit dans le
globe du Soleil on la verroit deux fois plus grande que Venus, si on la regardoit du ciel de Mars,
si elle paroissoit lumineuse de c'est endroit, on la
iugeroit de la grandeur d'vne Estoile de la sixiesme grandeur, & si on estoit dans les plus hauts
cieux on ne la verroit nullement, c'est dit-il la
commune opinion des Astrologues.

Chap. XXVIII. du nombre des Mondes.

ON pourroit aussi demander en quel nombre
sont ces mondes, mais bien que ce soit vne
chose que nous ne sçauons de certain, veu le grãd
nombre des Estoiles que nous voyons, & mesme
d'vn plus grand que la foiblesse de nostre veuë
nous desrobe, & qui ne nous paroissent point, ie
rapporteray toutesfois les opinions de quelques vns sur cette question, le Philosophe Baruc,
& Clement disciple des Apostres selon Origene
en mettent sept entendans possible les sept planetes, vn ancien selon Plutarque au traitté de la
cessation des oracles croyoit qu'il y auoit cent
huictante-neuf mondes rangez en triangle, chaque costé en contenant 63. Petron Sicilien selon
Hippis de Rege croyoit la mesme chose touchant

le nombre des mondes, mais les thalmudiftes paf-
fans plus auant difent qu'il y en à 19. mille; & Democrite les a creus infinis & innombrables.

Chap. XXIX. De diuers anciens Philofophes qui ont creu la pluralité des Mondes.

PYthagore qui eft le premier qui a nommé le
contenu de l'vniuers mondes, eft auffi vn des
principaux qui en a crèu la pluralité, il a eu beaucoup de fectateurs qui ont continué à eftablir cette croyance, car Socrate a tenu publiquement
que les mondes eftoient infinis, comme fit Arche-
laus fon difciple, qui le perfuada à Xenophanes
Colophonien, lequel auffi affeura qu'il y auoit
dans le môde plufieurs Lunes, & plufieurs Soleils.
  La mefme chofe a efté creüe par Meliffe Samien
difciple de parmenides, Zeno Eleate fon compagnon, & fon difciple Leucippe Eleate, Democrite de Milet Auditeur de Pythagore la affeuré,
& dit qu'en ces mondes les aftres eftoient plus
lumineux & plus beaux, ce que i'eftime pouuoir
eftre felon leurs proximités pour laquelle opinion
ce Roy des Abderitains paffa parmy fon peuple
ignorant pour auoir perdu le fens, & à cét effet
enuoyerent appeller Hipocrate pour le guerir de
cette infirmité, mais Hipocrate le trouua fort fain
d'entendement & ne dit rien contre cette opinion
qui obligeoit Democrite à rire perpetuellement
pour fe mocquer de ceux qui lignoroient ; nous
auons parmy nous la lettre d'Hipocrate fur ce
fuiet laquelle Ioubert nous a donnée en françois
dans le liure qu'il a compofé touchant le ris.

Diogene Apolloniate disci, le Danaximenes &
Seleuque ont aussi prouué par diuerses raisons la
pluralité des mondes.

Orphée, Origene, & le Philosophe Baruc,
Anaxagore & plusieurs stoïciens aduoüent la
mesme chose, Pline semble aussi auoir esté de cette
opinion selon la Popeliniere mais Anaximander,
Anaximenes, Epicure & autres suiuant I. Franc,
Picus Mirandulanus, l'ont soustenuë à haute voix.

Mahomet qui quoy que Turc n'a pas eu manqué
d'esprit pour establir sa croyance, a creu la mesme
chose, & met suiuant son Alcoran diuerses terres
& mers dans les cieux, & les quatre elemens, &
tout ce qui est parmy nous dans chaque estoile.

Epicure a dit que ces mondes estoient les vns
sans Soleil ny Lune, que les autres en auoient
de plus grands que ceux qui nous esclairent, que
d'autres auoient plusieurs Soleils, qu'il y en auoit
de destitués d'animaux, de plantes, & de toute
humidité, & qu'en mesme temps que les choses
sont icy comme nous les voyons, elles sont toutes
pareilles, & en mesme façon en plusieurs autres
mondes, ce qu'il eut encore mieux creu s'il eut
veu l'accord des Indiens auec nous en diuerses
choses.

Icetes Pythagoricien & Philolaus, ont creu
deux terres opposées, & Picus de la Mirandole a
esté contraint de dire qu'il croyoit que la Lune
estoit vne terre semblable à la nostre, estant en cela
conforme à ces Pythagoriciens qui par fois appel-
loient nostre terre vne Lune, & la Lune la terre
Fracastor Medecin Veronois (suiuant la doctrine
d'Eudoxe, Callippe) & tant d'autres sont creu que

POUR

pour euiter d'eſtre ennuyeux ie les paſſeray ſous
ſilence.

Mais puis qu'il y a tant de Philoſophes qui ont
ſouſtenu cette opinion, on me pourra dire que
ie n'en ſuis pas l'inuenteur, à ceux la ie reſponds
que c'eſt aſſes que ie la renouuelle & en traitte,
ex profeſſo, ce que perſonne n'a encore fait iuſques
à preſent.

Chap. XXX. des choſes qui ſont dans la Lune & autres Aſtres.

BIen que les anciens n'euſſent point l'aide des
Lunetes d'aproche que nous auons, qui nous
ont fait voir comme de nouueaux lyncees, les
mers, les montagnes, & autres choſes plus conſi-
derables qui ſont dans la Lune, neantmoins ils
ont bien oſé dire de choſes plus particulieres des
aſtres car les Pythagoriciens, & Orphée ont creu
que la Lune eſtoit non ſeulement de couleur de
terre, mais qu'elle contenoit des hommes, des
beſtes, & des arbres quinze fois plus grands que
les noſtres, ou 50. ſelon Herodote qui meſmes dit
qu'il y a des villes, Xenophanes a auſſi eſtimé qu'il
y auoit des hommes dans le ſein de la Lune, &
Anaxagore & Democrite ont dit qu'elle contenoit
des montagnes, des valées, & des champs,

Lucian au chap. de la vraye hiſtoire & l'Arioſte
chant. 24. ont raconté auſſi des particularitez de
ce qui eſt dans la Lune, mais le premier en diſ-
courant fabuleuſement nous ne faiſons nul eſtat
de ce qu'il dit, bien qu'il en aye puiſé vne partie de la doctrine des anciens Philoſophes.

F

Plutarque au traitté de la Lune difpute de part & d'autre fi la Lune eft habitee & eft vne terre comme la noftre, & panche tantoft d'vn cofté tantoft de l'autre, mais il femble enfin l'auoir creu à caufe qu'il refpond à diuerfes obiections qui fe pourroient faire contre cette opinion.

Bacon defire qu'on iette ferieufement les yeux fur les opinions de Pythagore, Philolaus, Xéno- phanes, Anaxagore, Parmenides, Leucipe, & au- tres anciens Philofophes, nous propofans de trouuer la verité, & fouhaite que quelqu'vn com- pofe quelque liure touchant leurs opinions, ce traitté en eft vne piece, & partant nous accom- pliffons auiourd'huy le defir de ce grand perfon- nage.

Le Poëte Lucrece que nous auons cité cy-def- fus a creu fermement cette opinion, il la tefmoi- ne en diuers endroits de fes œuurés, & princi- palement en ces vers, outre ceux que nous auons rapportez au chapitre 18.

Effe alios alibi terrarum in partibus orbes,
Et varias hominum gentes, & fecla ferarum,
Huc accedit vti in fumma res nulla fit vna,
Vnica qua gignatur & vnica folaque crefcat.

C'eft à dire,

Ailleurs y a d'autres mondes nouueaux,
Hommes diuers, & diuers animaux,
Veu qu'il ny à rien d'vnique en ce monde,
Qui naiffe feul fur la terre ou fur l'onde.

Et ailleurs,

Præt rea cum materies eft multa parata,
Cum *eu eft prafto, nec res nec caufa moratur*
Vfla geri debent nimirum & confiteri res.

C'eſt a dire,

Veu qu'il y a quantité de matiere,
Et que le lieu & les cauſes y ſont,
Ces choſes donc doiuent eſtre en lumiere,
Et les humains aduoüer les deuront.

Paracelſe a dit que dans les cieux y auoit des ſortes d'hommes appellez Torteleos, & Pennates, pour leſquels Ieſus-Chriſt n'eſt pas mort, dont les vns ſont ſans ame, les autres ne ſont pas compoſez de tous les quatre elemens, & il en nomme encore d'autres d'ont perſonne n'a parlé que luy.

Quelques Stoiciens ont creu qu'il y auoit de peuples non ſeulement en la Lune, mais dans le corps du Soleil, & Campanella dit que ces viues & reluiſantes demeures peuuent auoir leurs habitans qui ſont poſſible plus ſçauans que nous, & mieux informez des choſes que nous ne pouuons comprendre.

Mais Galileus qui de noſtre temps a veu clairement dans la Lune a remarqué qu'elle pouuoit eſtre habitée, veu qu'elle a des môtagnes, &c. car les parties plaines ſont les obſcures, & les môtueuſes les claires, & qu'il y a autour des taches comme des monts & des rochers, c'eſt pour cela que quelqu'vn a dit que les aſtres ne reluiſent qu'à cauſe de leur irregularité, ſouſtenans que nous ne les verrions pas s'ils eſtoient ſans montagnes pour reflechir la lumiere du Soleil.

F a

Chap. XXXI. contenant la folution de quel-
ques obiections qui fe peuuent faire contre
la doctrine de la pluralité des Mondes.

MAis quelqu'vn dira, il ny peut auoir des
hommes ez aftres femblables à nous, car
ils ny pourroient pas viure, veu que les hommes
font diuers, mefme felon les diuerfes parties de
noftre terre, & ceux qui montent en la haute mô-
tagne de Pariacaca ez Indes y meurent par la
trop grande fubtilité de l'air, a quoy ie refpons
que ces hommes doiuent eftre diffemblables à
nous ou doüez de corps plus forts, ou qui ont
vne telle proportion d'elemens en leur mixtion
que cét air ne leur eft point nuifible,, mais au
contraire que Dieu les a faits propres à ne pouuoir viure ailleurs qu'en ces lieux ou il les a col-
loquez.

Et comme fi nous n'auions iamais veu la mer,
nous n'euffions peu croire que des eaux falées
euffent nourri de poiffons bons à manger. ny que
les terres de la Zone torride & glaciale euffent peu
eftre habitees, ainfi nous deuons croire que Dieu
a donné ordre à toutes les incommoditez qui s'y
pourroient rencontrer.

On pourroit auffi oppofer les incommoditez
que receuroient les habitans de la Lune à fçauoir
les meteores, comme nuées & autres chofes qui
les infefteroient, & feroient qu'il ny pourroit
naiftre des plantes, mais nous leur refpondrons
que ces meteores en font affez efloignez, & que
au contraire ils en font moins moleftez que nous

çar Galileus a veu par le Telescope qu'il ne pleu-
uoit point dans la Lune, mais on me dira, comment donc y naissent les plantes ? à quoy ie respondray, qu'elles y peuuent naistre non seulement par l'humidité naturelle de la Lune, mais
aussi par des inondations de ses fleuues comme en
Egipte, ou on ne void pareillement aucunes
pluyes. Et ie dis plus que ces habitans de la Lune
ont plus de suiet de nous opposer ces mesmes obiections, veu que lors qu'ils regardent la terre à
trauers les brouillards & les nuages qui l'enuiron-
nent ils pourroient douter qu'elle contint aucune
creature.

Mais encore nous n'auons eu a soudre que de
foibles obiections venons à celle dont nos contre-
disans se parent le plus qui est celle du Prince
de leurs Philosophes à sçauoir Aristote, qui
comme les Otthomans a voulu tuer tous ses fre-
res pour regner plus asseurement, c'est à dire
abatre toutes les opinions contraires à la sienne,
or sa raison est telle.

S'il y auoit plusieurs mondes, la terre de ces
mondes se mouuroit vers nostre terre, ou la nostre
vers celle des autres mondes, & ainsi les autres
elemens des autres mondes tendroient aux nostres,
& il ny auroit ainsi qu'vn grand tumulte & chaos
en la nature.

Cette raison est si foible que Magirus est contraint de parler en ces termes lors qu'il la raporté,
n'en pouuant pourtant trouuer d'autre, pource
qu'il ne soustient pas la verité, toutes ces raisons
(dit-il) & autres raisonnemens Phisiques, ne
peuuent pas demonstrer clairement qu'il ny a

qu'vn monde, & Carolus Rapineus dit de mesme, qu'on ne peut le perſuader que foiblement.

Ariſtote ne comprenoit pas ce que nous auons dit cy-deſſus, à ſçauoir que chaque monde à ſon centre, ou tendent les choſes peſantes qui ſont dans ſa ſphero mais il argumente ſur vn faux fondement, faiſant que la terre ſoit le centre de tous les mondes & qu'il ny ait qu'vn centre pour tous, ſa raiſon ſeroit bonne ſi ſon fondement eſtoit bon, car ſi ce qu'il dit eſtoit vray, il ſeroit neceſſaire que toutes les choſes peſantes tédiſſent vers noſtre centre, mais y en ayant pluſieurs elles vont auſſi en diuers centres, car chaque aſtre à ſon centre qui le ſouſtient, & ainſi quoy qu'il ſoit de nature peſante il eſt leger en ſoy-meſme. apres auoir dóné ſi nettement la ſolution des obiections du Prince des Philoſophes, que doiuent attendre les autres qui n'en ont pas de ſi bonnes.

Chap. XXXII. continuant à ſoudre les obiectiōs de diuers Philoſophes contre la pluralité des mondes.

ON nous oppoſe encore les argumens ſuiuans premierement que ny ayant qu'vn principe & premier moteur, ou qu'vn Dieu & premiere cauſe, le monde deuant correſpondre à ſon Archetype, il ny doit auſſi auoir qu'vn monde, mais nous auons fait voir cy-deſſus le contraire, en ce que Dieu eſtant infiny les mondes doiuent eſtre infinis.

Pour vn ſecond on dit que s'il y auoit plus d'vn monde, l'Ecriture Sainte nous l'auroit com-

munique, mais ne nous parlant que d'vn seul, il
ny à pas d'apparence qu'il y en ait d'auantage,
à quoy ie respons que la saincte Escriture ne nous
parle clairement que du nostre, bien que pourtant elle accorde les autres en diuers endroits,
comme nous ferons voir cy-aprés, & qu'elle ne
nous parle qu'a la façon des hommes, de toutes
les choses celestes s'accommodant à nostre infirmité, & a l'opinion commune, comme quand
elle dit que le Soleil & la Lune sont les grands
luminaires, & pourtant la Lune est des moindres
estoiles, & il y en à qui sont autant grandes que
le Soleil, comme l'estoile de Canopus & autres,
& vne infinité de plus grandes que la Lune, ainsi
l'Escriture nous dit que Dieu se courrouce & se
repent, quoy qu'il ne puisse souffrir de mutation,
& partant elle peut en auoir fait autant du mouuement de la terre, & de la pluralité des mondes.

Pour vn troisiesme Platon forme cét argument,
la matiere qui est requise à la composition du mon,
de n'est qu'vne & ramassée en vne seule masse,
& le ciel contient en soy tous les corps simples,
de sorte qu'aucune partie de la matiere ne peut
estre de reste, pour en composer d'autres mondes,
à cela ie respons qu'il n'est pas necessaire que toute
la matiere se soit espuisée à la creation de nostre
terre, ouy bien à celle de tout l'vniuers, mais quád
elle auroit esté espuisée à la creation de nostre
seule terre, Dieu en pourroit encore créer de nouuelle, & pour le dernier i'aduoüe le tout veu que
cela ne fait pas contre moy, car ie comprens tous
les mondes ou terres dans les cieux.

Platon dit aussi contre cette opinion que le

monde feroit imparfait s'il ne contenoit tout, & en fecond lieu qu'il ne feroit pas femblable à fon patron, s'il n'eftoit vnique, & qu'il ne feroit pas incorruptible s'il y auoit quelque chofe hors de luy.

Mais à l'obiection de l'vnité nous auons refpondu ailleurs, ou nous auons fait voir que Dieu eftant infini il y doit auoir infinis mondes, car comme dit Sextus Empiricus, il ny à rien d'vnique de tout ce qu'on nombre dans le monde. Et pour le dernier, Plutarque luy refpond, que le monde ne laiffe pas d'eftre parfait bien qu'il aye de compagnons, car l'homme eft parfait, & pourtant ne contient pas toutes chofes à laquelle refponfe i'adioufte, que Platon a entendu par monde, tout l'vniuers, or toutes ces terres ou mondes ne faifans qu'vn vniuers, fes raifons ne peuuent renuerfer aucunement ma croyance.

Timplerus forme encore cet argument, s'il y auoit plufieurs mondes, ils auroient efté faits en vain, parce qu'on ne peut montrer aucun vfage d'iceux. Cette raifon eft fi foible qu'il fuffira de dire pour la refuter que quoy que nous n'en fçachions les vfages ils ne font pas faits en vain, car les Indes dont nous auons ignore les vtilitez, & les terres auftrales qui nous font encore incognuës feroiët auffi creées en vain par cette mefme raifon.

Quelqu'vn oppofe auffi dans le fecond tome des conferences du Bureau d'adreffe que s'il y auoit d'aftres habitez, il faudroit d'autres aftres pour y influer, & d'autres cieux à l'infiny, à quoy ie refponds que ie ne me perfuade pas puiffamment que les Eftoiles nous foyent vtiles, excepté

le Soleil

le Soleil & la Lune, il peut estre que ces astres se communiquent & seruent les vns aux autres mutuellement, & par ainsi il n'est pas besoin d'vne infinite de cieux.

Zabarella argumente enfin en cette sorte, s'il y auoit d'autre monde, ce qu'il contiendroit seroit ou semblable a ce qui est dans le nostre, ou different, s'il estoit semblable, ce seroit en vain que les indiuidus seroient multipliez, si diuers, on ne pourroit dire comment il est disposé, à cette objection ie respons que les hommes & autres choses des Indes auroient aussi esté creées en vain si sa raison estoit bonne, & que combien que nous ignorassions ce qui estoit en ces terres neufues, il ne laissoit pas d'y estre, ainsi bien que nous ignorions l'ordre de ce qui est en ces autres mondes, cela n'exclud pas leur existence.

Chap. XXXIII. donnant la solution de l'argument de Pacius contre cette doctrine.

DAns cét vniuers, consideré largement, peuuent estre remarquez plusieurs mondes contenus sous iceluy comme les indiuidus sous les especes, à cette raison Pacius s'efforce de respondre que le monde tel qu'il est, comprend tout, & que toute la matiere a esté consommée à sa composition, & que partant il ny peut auoir d'autres corps hors de luy, car s'il y en auoit ils seroient simples ou composez, si simples ce seroient le Ciel ou les elemens, or ils ne peuuent estre le Ciel veu qu'il ne change pas de place totalement, mais se tourne sur soy-mesme, ny pareillement

ne peut estre vn element, veu qu'il seroit outre
nature, ny aussi vn mixte parce que s'il ny à de
corps simples il ny en peut auoir de mixtes ?

Auquel ie responds que comme i'ay dit ailleurs
par mondes i'entens des terres tant seulement, &
par vniuers ie comprens toutes les choses du
monde, à la composition desquelles i'aduoüe que
toute la matiere a esté employée, & hors desquelles il ny a d'autre vniuers.

*Cyap. XXXIV. respondant aux obiections de
Melancthon & autres qui disent que cette
doctrine tend à introduire de nouuelles
maximes contre les Religions.*

MAis encore quelqu'vn s'esleuera & dira auec
Melancthō que Dieu cessa de créer, & se re-
posa, mais Moïse au Genese c. 2. n'entend que de
la creation de ce monde, & certes il est plus conuenant que les vns finissent, & que d'autres soyent
créez de nouueau, comme l'auoient iadis creu
Empedocle & Democrite. Dieu n'a pas mis de
bornes à son pouuoir & il est le mesme pour
créer encore qu'il a esté autresfois, & comme dit
la sapience c. 11. v. 19. il peut créer de nouueau
de bestes incognuës, partant cet argument & les
autres que Melancton nous opposent sont foibles,
ce qu'estant contraint de confesser luy-mesme il
dit en sa Phisique que bien que ses argumens ne
soient concluans necessairement, il les faut pourtant considerer, de peur que si on croit d'autres
mondes, on ne croye aussi d'autres Religions &
autres natures d'hommes.

Pour moy iene voy point la de neceſſité que pour y auoir plus de mondes, il falut auoir plus de religions, l'augmentation de ce monde par les deſcouuertes des Indes, n'a point cauſé de religion nouuelle, & bien loin que cela puiſſe amener à l'atheiſme, ie croy fermement que ce merueilleux ordre du monde qui desbroüille vn vray chaos, que l'ignorance des hommes faiſoit entore regner, fera meſme aduoüer aux plus athées qu'ils ne peuuent auoir pris naiſſance d'autre que de Dieu ſeul, qui eſt le ſouuerain Createur de toutes choſes.

Melancton dit encore que s'il y auoit pluſieurs mondes il faudroit que Ieſus-chriſt eut ſouuent ſouffert la mort afin de les ſauuer tous, mais que ſçauõs nous ſi ces hommes aſtraux ſont meilleurs que ceux qui ſont en ce monde, dont Satan eſt appellé le Prince, & ou il fait ſa demeure, à cauſe dequoy ſainct Iean dit en l'Apocalipſe c. 12. v. 12. à ceux qui habitent ez cieux, eſgayez vous cieux, & vous qui y habitez, de ce que le Diable en eſt deietté qui vous accuſoit, & malheur à vous habitans de la terre vers qui il eſt deſcendu.

Et quand meſme nous ſerions aſſeurez que ces hommes celeſtes auroient beſoin de ſaluation, Dieu a tant de moyens qui nous ſont cachez, pour les ſauuer & ſe ſatisfaire, que nous ne deuons nous informer de ces choſes, mais les croire par foy, captiuans noſtre intellect comme a bien dit vn ancien Pere de l'Egliſe. Mais dira quelqu'vn qui eſt celuy qui croira cela, auquel ie repartiray auec Platon, aucun meſchant ne ſçaura iamais cecy, mais celuy qui en sera capable tant seulement, que doncques ces hommes qui sont indignes de ces cognoissances sublimes se retirent d'icy, leur esprit grossier ne peut en comprendre la subtilité, & comme les aragnées conuertissent les meilleurs alimens en venin, ils appellent chemin de l'atheisme ce qui est la vraye voye de la cognoissance de Dieu.

Chap. XXXV. prouuant la pluralité des Mondes, par vne raison prise du lieu des Enfers.

Q Velque scrupuleux pourroit dire que la doctrine de ce Chapitre semblera choquer en quelque façon la doctrine de l'Eglise, mais ie luy respondray que si quelqu'vns s'esforçoit de prouuer qu'il ny a point d'Enfer, sa croyance deuroit asseurement passer pour pernitieuse, mais de ne faire que l'establir comme ie fay dans ce Chapitre, & marquer le lieu ou il est, lors que les Theologiens n'ont peu asseurer ou est son lieu, ie ne trouue point la rien qui doiue choquer le Christianisme.

Or puis que nos corps doiuent resusciter pour estre recompensez ou punis selon leurs merites, & que le nombre des damnez doit surpasser celuy des Esleus, il est necessaire que l'Enfer soit vn lieu bien grand pour les comprendre & solide pour les pouuoir soustenir, or il ne peut estre que dans vn astre, & par consequent les astres peuuent souffrir des habitans, car ils disent que c'est le centre de la terre, parce que c'est le centre du monde, & le lieu le plus esloigné des cieux, or qu'il soit neceſſaire de le placer au centre du monde ie ne le trouue pas, veu que Dieu eſt eſgalement partout, & qu'on ne peut s'eſloigner de luy, & que il eſt tres ayſe de prouuer le contraire, non ſeulement en ce qu'il ne ſeroit pas ſuffiſant pour coutenir les hommes damnés qui ont eſté depuis la creation du monde, ny de ſe laiſſer penetrer à leur maſſe corporelle, & que meſme la terre doit eſtre aneantie au iour du iugement ſelon Eſdras l. 4. c. 44. Mais auſſi en ce que la terre n'eſt point le centre du monde, mais le Soleil. Doncques le Soleil par la raiſon de ſon eſloignement des cieux empirées, comme il eſt rapporté par Foſcarin, doit eſtre le vray lieu de l'Enfer, comme meſme ſa nature ignee qui eſt requiſe aux lieux infernaux ſemble le perſuader, mais ie ne puis me ranger à ſon opinion, i'aduouë bien que l'Enfer doit eſtre dãs vn aſtre, mais de le faire ſi beau que de le placer dans le Soleil ie ny puis conſentir trouuant que les damnés ne peuuent meriter vn aſtre ſi benin & vtile.

Et ie trouuerois au contraire plus plauſible de colloquer le Paradis dans le Soleil ſuiuant ce paſſage *in ſole poſuit tabernaculum ſuum,* Dieu a placé ſon tabernacle dans le Soleil.

Et pour prouuer auec plus de fermeté que l'Enfer n'eſt point dans la terre il ne faut que remarquer qu'il eſtoit creé pluſtoſt qu'elle, veu que les mauuais Anges y furent relegués auant la creation, à quoy s'accorde le ch. 1. v. 14. de la ſapience, diſant, le Royaume des enfers n'eſt pas en la terre.

Chap. XXXVI. prouuant la mesme pluralité des mondes par vne raison prise du Paradis, celeste & terrestre.

ON peut de mesme prouuer que le Paradis n'est ailleurs que dãs les estoiles, or il est certain que ce n'est point la terre, mais vne nouuelle terre, ou est la Ierusalem celeste, qui doit aussi estre solide comme la nostre pour nous pouuoir souftenir la ou toute sorte de contentemens se trouueront, & d'ou feront esloigueés toutes incommodités, ce lieu est preparé des long-temps aux hommes, & mesme que sçauons nous si nous ferons dispersés en diuerses estoiles, Iesus-Christ nous asseure qu'il y a plusieurs demeures en la maison de son pere, & Esdras nous dit au l 4. c. 4. v. 7. combien y a-il de sources en l'estenduë du Ciel, & qu'elles font les bornes du Paradis, possible qu'aprés auoir habité cette terre de miseres, ou la mort & les infirmités out esté le loyer de nos pechés, nous deuons estre introduits en ces hauts globes, ou nous deuons viure eternellement auec toute sorte de satisfactions, l'Apocalipse ne dit elle pas au c. 2. v. 28. à qui aura vaincu ie luy donneray l'estoile du matin, & Iob. au c. 38. v. 7. ne voit il pas par foy les estoiles du matin s'esgayer ensemble, & tous les enfans de Dieu châter en triomphe, c'est alors que nous foulerons sous nos pieds ces miracles roulans, & si parmy ces glorieux obiects il nous peut souuenir des choses du monde, nous regarderons de ces vastes habitations auec vn tres-grand mespris ce morceau de terre dont les hommes font tant de regions, & cette goute d'eau, qu'ils diuisent en si grand nombre de mers.

Ne peut-il pas estre aussi que ce Paradis terrestre ou iardin d'Heden dont fut chassé Adam, estoit le mesme lieu ou nous deuons retourner, il en fut chassé pour ses pechés, sans lesquels il n'eut point gousté la mort, & maintenant que Iesus-Christ les a effacés, nous y serons introduits, Plusieurs anciens selon Munster l'ont situé en vn lieu haut enuironné de feu touchant le cercle de la Lune, & disent que la sont Helie & Henoch, ces anciens s'approchoient de ma croyance voyans les inconueniens qui sensuiuoient de le situer en ce monde, car de croire que ce Paradis ait esté sur la terre c'est vne chose assés difficile à croire, car il ne sert de rien de s'appuyer sur le nom des fleuues & pais qui nous sont nommés dans la traduction de l'Escriture Saincte, puis que les noms Hebrieux n'y sont point conformes, & que les traducteurs aduoüent qu'ils ne les ont interpretés qu'à peu prés & par coniecture.

Et de plus ce Paradis ne se trouue plus sur la terre, ny ces fleuues qu'on dit estre ceux que Moise a entendus ne sortēt point de mesme source, comme il est rapporté de ceux du Paradis, & pour vn dernier il seroit ridicule de croire que Dieu eut chassé son peuple d'vn lieu, pour en permettre l'habitation aux Turcs & aux Barbares, qui iouyssent de tout le pays ou on situé ce Iardin delicieux: auant que finir ce chapitre ie raporteray deux choses notables, la premiere est que comme il ny à point de si mauuais liure ou il ny ait quel-

que chofe de bon, auffi il n'y a point de religion
qui n'aye quelque bonne maxime, les Chinois &
les Turcs vaincus par les apparences ne mettent
point en doute qu'aprés la refurrection ils n'aillent
habiter dans la Lune.

Pour vn fecond nous pouuons apporter ce
raifonnement, c'eft que defla il y a plufieurs corps
en Enfer, & en Paradis, en Enfer font ceux qui
ont liuré leurs corps aux demons, & en Paradis
font Helie & Henoch, or pour fouftenir ces corps
il faut de lieux folides qui ne peuuent eftre que
quelques aftres, ou Dieu fe manifefte plus vifi-
blement, & ou font ces coftaux d'eternité dont il
eft parlé dans Moife, aufquels nous deuons fou-
haiter d'aller faire noftre demeure, pour faire c'eft
efchange fi aduantageux, de cette valeé de mi-
feres, auec ces corps glorieux.

Chap. XXXVII. prouuant la pluralité des mondes par les refponfes des demons.

S'Il y a perfonne qui fçache la pure verité de
ces chofes, & qui puifle decider cette queftion
à plain ce font les demons, mais comment pourrons nous les enquerir fur ces matieres ? ie trouue
des moyens de le faire, il eft certain que ces pans,
Syluains, & autres dieux qui apparoiffent anciennement aux hommes eftoient des Demons qui fe
faifoient adorer, or vn Silene qui eftoit de cette
nature, s'eftant laiffé prendre à Marfias luy raconta
qu'il y auoit d'autres mondes, ou les hommes
viuoyent au double plus que nous, & eftoient
plus grands de ftature.

Et dans l'hiſtoire du Magicien Fauſte il eſt dit que ſes Demons le promenerent dans les Eſtoiles durant huict iours, & qu'il monta iuſqu'à quarante ſept mille lieuës de nous, & en montant apperçeut de loin la terre, ſes Villes & autres choſes, maisil ne s'eſtend guere ſur cette matiere.

Chap. XXXVIII. prouuant la meſme choſe par vne raiſon tirée de l'inutilité de la lumiere du Soleil & autres

S'IL ny auoit d'autres globes habitez par deſſus le Soleil dequoy ſeruiroit la lumiere qu'il iette du coſté d'enhaut, elle ſeroit bien inutile ſi elle ſe perdoit dans les airs, elle eſt donc iettée ſur des corps qui en ont beſoin qui ne peuuent eſtre que les aſtres qui ſont obſcurs de leur nature, & terreſtres comme la terre que nous habitons, car autrement ils n'auroient point beſoin de la lumiere du Soleil.

Tant de raiſons ne ſeront elles pas capables de ſurmonter l'obſtination, Alexandre le grand nous doit montrer le chemin qui ayant ouy diſcourir le Philoſophe Anaxarque ſur cette matiere, le creut, & ſe print à pleurer, de ce qu'y ayant pluſieurs mondes il n'en auoit encore ſubiugé vn ſeul.

Chap. XXXIX. prouuant le mesme par les ra-
uissemens mutuels du Soleil que se font la
terre & la Lune, & par leurs qualitez
semblables, & autres raisons notables.

NOus pouuons dire que ce temps est venu duquel parle Seneque en sa Medée.

Qua Typhis nouos deteget orbes.

Auquel on pourra apprendre de choses inouyes.

Et tabula pictos ediscere mundos.

Nous le pouuons mesme dire auec plus forte
raison que luy, veu qu'il ne parloit que des Indes,
& nous parlons des mondes separez, & le prou-
uons par tant de raisons que ie crains de n'en
pouuoir trouuer la fin, car on peut encore le
prouuer en ce que la terre & la Lune se rauissent
mutuellement le Soleil ce qui tesmoigne leur
conformité, & en ce que toutes deux peuuent
souffrir Eclypse, & en outre par leurs communi-
cations mutuelles, qualitez froides, solidité &
scabrosité qui ayde à nous la rendre visible car
plusieurs estiment qu'à peine la verrions nous
sans son irregularité qui cause sa clarté reuerbe-
rant mieux les rayons du Soleil.

A ces raisons i'adiousteray que si Dieu ayant
peu faire plusieurs mondes ne les eut pas faits,
sa puissance eut peu estre dite en quelque façon,
oisiue, inutile, & restreinte car bien qu'elle ne se
range à ses ouurages comme à sa fin, neantmoins
cela tendant à sa plus grande gloire, bien qu'il
n'execute tout ce qu'il peut, nous ne pouuons
asseurer, qu'il n'aye pas voulu faire diuers mon-

des, comme nous ne pouuons pas nier qu'il n'aye eu le pouuoir de les auoir faits.

Pour vn troisiesme, la commune opinion aduoüe les quatre Elemens ez cieux, ils font vn Ciel empirée, c'est à dire de feu, vn cristalin qui est de nature aquatique, les astres solides, & par consequent de nature terrestre, & constituent des airs parmy ces Estoiles, doncques les quatre elemens font ez cieux, & pourquoy ne pourra-il pas aussi y auoir des mixtes, & des effets puis que les causes qui les composent s'y rencontrent, & pourquoy n'agiroient ils en eux mesme, si bien qu'ez choses esloignées.

En quatriesme lieu, la creation d'vn monde ou de plusieurs est vn ouurage qui depend de la libre volonté de Dieu, & cela ne peut estre nié par aucune raison naturelle, car Dieu n'agist point necessairement en dehors, pour s'estre restreint à ce monde, au contraire Dieu veut tout ce qui n'implique point contradiction, or plusieurs mondes n'impliquent point contradiction ny du costé de Dieu, ny de la chose creée : & mesme il semble necessaire que l'obiet soit la mesure de la puissance, or ce monde n'estant pas infiny comme Dieu, il faut qu'il y en ait vne infinité.

Chp. XXXX. discourant des astres descouuerts
de nouueau, & des taches du Soleil.

A Yant parlé ailleurs des taches du Soleil, & des Astres nouueaux, & en ayant tiré des raisons il ne sera pas hors de propos d'en parler

pour les aftres nouueaux Galileus rapporte qu'ez
annécs 1572. & 1604. on a veu des nouuelles
Eftoiles qui excedoient la hauteur de tous les
planetes, dont la premiere fut au fiege de Caffio-
pée felon Tychobrahe, & Campanella, ainfi Hip-
parchus en auoit obferué anciennement vne nouuelle, l'an 120. auant la venuë de Iefus-Chrift.

Et quand aux taches du Soleil, ie me contenteray de dire que Galileus afleure que ces taches
font plus grandes que toute l'Afie & l'Afrique,
quelques vns croyent que ce font des vapeurs &
impreffions des airs à caufe que leurs figures font
irregulieres, & qu'on les void en grand nombre,
& difparoiftre & paroiftre de nouuéau, mais elles
ne font que fe cacher dãs le Soleil, ou pour mieux
dire difparoiftre pour s'approcher trop de fa clarté, & de plus elles ont vn cours reiglé fuiuant lequel elles ne manquent pas de réuenir en certain
temps, & partant ce font quelques aftres, touchant lefquels ie renuoyeray le Lecteur, au liure
qu'en a compofé Tardé fous le nom des aftres de
Bourbon les ayant appellez du nom de nos Roys,
fous le regne defquels ces nouuelles Eftoiles ont
efté defcouuertes.

Chap. XXXXI. contenant diuerfes raifons prifes de plufieurs paffages de la fainéte Efcriture.

COmme il eft dit en diuers endroits de la fain-
éte Efcriture que la terre eft pleine de cor-
ruption, ou qu'elle chante les merueilles diuines
par vne figure de Rhetorique qui met le contenant pour le contenu, auffi plufieurs paffages de

la saincte Escriture disent, comme en Iob. c. 25. v.
5. 6. que les Estoiles ne sõt point pures deuãt Dieu,
qu'elles chantent ses merueilles, & que ce sont ses
armées. Ce sont de choses qui montent difficile-
ment au cœur des hommes, & possible vne partie,
de celles que sainct Paul vid dans son extase, mais,
puis qu'il dit que cela n'est point monte en cœur
d'homme, il peut auoir entendu que iusques à son
temps personne ne la creu, ou du moins n'en à
sçeu les choses par le menu, c'est ce qui fait dire à
Iob, c. 38. v. 37. 38. qui deduira de rang les re-
giõs d'enhaut auec sagesse, & à Salomon en sa Sapience c. 9. v. 16. à grand peine pouuons nous
comprendre ce qui est en la terre, & ne pouuons,
trouuer sans difficulté & trauail ce que nous auõs,
en main, & qui est celuy qui a cognu de point en,
point les choses qui sont ez cieux, & à Esdras l.
4. c. 4. v. 21. ceux qui habitent sur la terre ne,
peuuët entendre autres choses que celles qui sont,
sur la terre, & ceux qui sont sur les cieux, les cho-,
ses qui sont ez cieux.

On me dira que ces passages se doiuent enten-,
dre des Anges, mais les passages du chapitre sui-,
uant feront voir que cela s'entend seulement des,
hommes, car mesme Campanella a remarqué que
sainct Paul dit aux Coloss. c. 1. v. 20. que les choses qui sont ez cieux sont sauuées par le sang de
Iesus-Christ, & par consequent dit-il, qu'il y a
des hommes qui ont besoin de redemption comme nous.

Chap. XXXXII. *continuant les raisons prises des sainctes Escritures.*

S'IL y a donc diuers mondes, & que les astres soient habitez, ces mondes peuuent auoir esté les vns plustost que les autres, & ainsi finiront en diuers temps, & peut estre il y en à qui ont finy, & d'autres qui ont esté créez de nouueau. Les fideles de ces mondes anciens semblent parler dans le Pseaume 90. v. 1. 2. en disant, Seigneur tu nous as esté vne retraicte deuant que nulle montagne fut née, ny la terre formée. Et Dieu semble se courroucer contre les hommes de ces mondes dans Esdras l. 4. c. 9. v. 18. 19. de ce que ceux qui les ont precedez estoient meilleurs, en ces termes. Certes quand ie preparoy le monde qui n'a-uoit encore esté fait, pour logis à ceux qui sont maintenant, alors nul ne me contredisoit, car vn chacun alors obeissoit, mais maintenant les malices de ceux qui ont esté créez en ce monde apres qu'il fut fait sont corrompuës; mais il y a encore vn passage plus pressant pour prouuer qu'il y a eu d'autres mondes auant cestui-cy qui ont pris fin, & ont esté iugez comme nous serons vn iour, il parle en ces termes au l. 4. c. 7. v. 3 4. Et sera le monde conuerty au silence ancien par sept iours, ainsi qu'ez precedens Iugemens, iusqu'à ce que nul ne reste: que si cela est ne pourroit-on pas dire que ces grands Cometes qui durent si long temps par dessus la region des Meteores sont les embra-semens de quelques astres qui prenent fin, & que nous n'auions apperceus pour leur essoignement

car comme on en a veu souuent de nouueaux
au siecle precedent, & mesmes au nostre, ainsi
d'autres peuuent finir, à cela nous pouuons ad-
iouster ce que dit l'Apocalypse, à sçauoir que les
Estoiles tomberont, c'est à dire, finiront plusieurs
anciens ont esté de cette opinion, croyans non
seulement qu'il y auoit diuers mondes en mesme
temps, mais qu'il y en auoit qui auoient precedé
les autres, Origene a tenu cette croyance, & que
le nostre deuoit durer sept mille ans, & que plusieurs des autres deuroient durer quarante neuf
mille années, Campanella ne s'esloigne pas aussi
de ce sentiment, la sapience de Dieu parlant ez
proue b. s c. 8, v. 31. dit, auant que la terre fut
i'estois auec Dieu & m'esbatoy en la partie habitable de sa terre auec les enfans des hommes, & au
v. 26. i'estois auant que Dieu eut fait la terre, ny
le plus beau des terres du monde habitable.

Chap. XXXXIII. Suite des passages de l'Es-
criture Saincte.

QVOY que nous ayons fait deux chapitres
des passages de l'Escriture qui confirment
cette opinió, ie ne veux pas passer sous silēce quelques autres qui prouuent en quelque façon la
mesme chose,

Sainct Paul aux Ephesiens c. 1. v. 10. parlant
de Iesus-Christ dit, afin qu'en la dispensation de
l'accomplissement des temps il recueillit ensemble le touten Christ, tant ce qui est ez cieux que
ce qui est en la terre en iceluy mesme, & aux Co-
lossiens c. 1. v. 20. ayaht fait paix par son sang,

tant aux choses qui sont ez cieux qu'en la terre.

Comment se pourront expliquer ces deux passages si on ne les entend des hommes qui sont ez cieux ou astres, que Dieu a assemblez & rachetez, car si on vouloit dire que ce sont les morts auant Iesus-Christ, cela ne peut se sauuer, parce que les ames de ceux la estoient desia en Paradis ou en Enfer, or la ou est l'ame le corps ira aussi apres le Iugement dernier.

Dauid parle aussi au Pseaume 112. v. 6. en cette sorte, Dieu s'abaisse pour regarder ez cieux & en la terre, car il habite ez lieux tres-hauts, ce passage demonstre que Dieu est par dela tous les cieux, & que dans les cieux ou il s'abaisse il y a des habitans comme en la terre.

Et au Pseaume 148. il dit aux Anges, Estoilles, terre, &c. de le loüer, c'est à dire à leurs habitans parlant par vne figure qui met le contenant pour le contenu.

L'Ecclesiaste dit aussi c. 16. v. 18. 19. 20. 21. tout le monde qui est fait, & qui se fait tremblent, qui comprendra ses voyes, car la pluspart de ses œuures nous sont cachées, & au c. 43. v. 15. & 35. il dit il y à plusieurs choses cachées plus grandes que celles-cy, car nous n'auons veu qu'vn peu de ses œuures, par ces deux passages il est manifesté que ces choses que nous n'auons veuës qui sont plus grandes que celles que nous cognoissons sont ailleurs qu'en la terre, c'est à dire ez cieux, & que par consequent il y à plus d'vn monde.

Ie me pourrois encore seruir de plusieurs passages comme du c. 2. v. 10. de sainct Paul aux Philippiens, du Pseaume, 89. v. 7. mais pour ne lasser les Lecteurs ie n'en diray pas dauantage.

Chap. XXXXIV. Par quels moyens on pourroit descouurir la pure verité de la pluralité des mondes, & particulierement ce qui est dans la Lune.

MAis puis que nous n'auons les aisles des oiseaux, ny les yeux des Aigles ou de Lyncée,
ny ne pouuons entasser les montagnes comme les
Geants, comment pourrons nous voir clairemēt
les choses que recellent la Lune, & les autres corps
lumineux, à cela ie responds que les Anciens nous
en ont montré le chemin, par la Tour de Babel,
les hautes pyramides, & phares, du haut desquels
on ne pouuoit presque apperceuoir les hommes,
& d'ou on descouuroit des terres tres-esloignées,
& qui ont eternisé la memoire de ceux qui les
auoiént construits. Il faudroit à leur imitation
que quelque Roy ialoux de perpetuer sa memoire
employast quelque temps ses reuenus & ses pri-
sonniers, à bastir vne pareille ou plus grande
Tour, qui s'esseuant bien auant dans les airs, nous
fit voir plus distinctement par le secours des visuels, ce qui est dans les astres, & principalement
dans la Lune; il ne faut pas douter qu'vne tour fai-
sable ne nous y seruit de beaucoup estant bastie
sur vn lieu des plus esseuez, & si on m'opposoit
qu'il y à de tres-hautes montagnes qui pourtant
ne font rien voir de nouueau, ie respondray que
outre que personne ne l'est allé verifier auec de
telescopes, ces montagnes bien que hautes, à cause de l'obliquité, ne s'esseuent pas fort haut si on
les considere perpendiculairement, & neantmoins

I

on a remarqué que de la plus haute montagne
des Pyrenees le Soleil paroit dans vne maiesté
non accoustumée, ce qui ne peut venir que de la
hauteur de ladite montagne. Et quand mesme on
ne pourroit rien descouurir de cette tour extraordinaire, ce que ie ne puis croire, ce seroit pourtant
vn ouurage d'eternelle memoire, pour ce Roy
digne de loüange qui l'auroit entrepris. Et afin
qu'on ne doute pas que d'vne haute montagne,
ou autre lieu fort esleué on ne puisse remarquer
quelque chose de nouueau ez astres, le sieur de
Bethancourt en ses voyages asseure que du Pic de
Tenerifa, montagne des Canaries très-haute, on
void le Soleil se tourner sur soy-mesme sans ayde
d'aucunes lunettes d'approche.

Pour vn second il est certain que si on peut me-
ner à la grande perfection les lunetes d'approche
qu'on descouurira beaucoup de nouuelles choses
dans les Estoiles comme desia par leur commen-
cement on en a descouuert plusieurs, car Galileus
& Descartes enseignent, qu'on peut faire des lunettes qui multiplieront mille fois l'obiect en
grandeur, si cela s'execute qu'est-ce qu'on ne
verra pas dans le Ciel.

Et enfin quelques vns se sont imaginez que
comme l'homme a imité les poissons en nageant
qu'il pourra aussi trouuer l'art de voler, & que
par cet artifice il pourroit sans aucun de ces
moyens voir la verité de cette question, les histoi-
res nous rapportent des exemples des hommes
qui ont volé, plusieurs Philosophes le croyent
possible, & entre autres Roger Bacon, ie pourrois
icy rapporter tous ces exéples & diuerses raisons

de cela, mesme des instrumens & machines pour
cét effet, mais ie les reserueray pour ma magie
naturelle, & pour mon traitté de *Arte Volandi,*
parce que quand mesme on pourroit voler cela
seruiroit de peu pour ce suiet parce que outre que
l'homme par sa pesanteur ne s'esleueroit guere
haut, il ne pourroit pas demeurer fixe pour regarder le Ciel, ou se seruir de visuels, mais auroit son
esprit tout bandé à conduire sa machine.

*Chap. XXXXV. Du songe de Scipion, auec
quelque raison nouuelle sur nostre suiet.*

NOus lisons dans diuers Autheurs que Scipiō
fit vn songe fort remarquable, dans lequel il
luy estoit aduis qu'il estoit esleué en haut, & qu'il
voyoit d'autres mondes dans les astres, d'ou il ap-
perceut l'Empire Romain, & le voyant de si loin
trouua qu'il occupoit si peu d'espace dans nostre
globe terrestre, qu'il conceut vn extreme desdain
pour ceux qui mesprisans leur vie, l'hazardoient
pour acquerir quelque vaine renommée dans ce
petit recoin de la terre, Ciceron & Macrobe ont
composé de liures touchant ce songe, & ont esté
en doute touchant l'especé de songes sous laquelle il deuoit estre rangé, pour moy i'estime
qu'il doit estre appellé vne visiō puis qu'il voyoit
de choses qui sont reelles à sçauoir les terres aerie-
nes & les peuples lunaires & astraux, ou peut estre
qu'ayant eu cette croyance il la voulu proposer
comme vn songe comme plusieurs autres ont
fait, afin de voir comment elle seroit receuë, &
certainement si c'estoit son but il n'a pas mal reus-

fi, car elle a efté embraffée de beaucoup de per-
fonnes illuftres qui l'ont trouuée raifonnable, &
apres tout n'eft-ce pas vne chofe qui furpaffe toute raifon & apparance que tant de maffes fi grandes comme font les Eftoiles fuffent entierément
defertes, i'eftime que fi ie venois par degrez i'ob-
tiendrois du plus opiniaftre que les corps 300. fois
plus grands que la terre ou dauantage , contiennent du moins en eux quelque plante, fi cela eft
aduoüé, comment y feroient ces plantes fi elles ny
eftoient pour l'vfage de quelques animaux, & fi
on aduoue qu'il y a quelques animaux, ne faudroit il pas auffi aduoüer qu'il y à des hômes pour
s'en feruir puis qu'ils font faits pour eux, & enfin
n'eft-il pas iufte qu'il y ait des hommes par tout
ou s'eftend leur domination, or l'homme domine
fur les aftres auffi bien que fur la terre, & la mer,
tout e monde eft fait pour luy, & par confequent
il y doit auoir des habitans dans les Eftoiles.

Chap. XXXXVI. refpondant à l'obiection de ceux qui croyent que les taches de la Lune foient la figure de la terre.

AVant que clorre ce liure i'ay creu que ie de-
uois encore refpondre à ceux qui croyent
auoir trouué comme on dit la feve au gafteau en
difant que les taches de la Lune ne font que la figure de l'ombre de la terre qui fe communique
dans la Lune comme dans vn miroir, mais ils n'ont
pas confideré qu'il ny à nulle analogie ny reffem-
blance entre ces taches & celles de noftre carte
vniuerfelle, ny que dans les nuicts obfcures cette

figure ne peut estre communiquée à la Lune : on
pourroit encore dire que les montagnes de la Lune ne sont que quelques obscuritez plates & sans
esleuation, mais ie leur respons que l'ombre de
ces montagnes paroit & se tournoye comme le
stile d'vn quadran à mesure que le Soleil les illumine diuersement ce qui n'arriueroit pas si ce n'e-
stoient de corps esleuez & hauts car ils seroient
sans ombre, & i'ay autrefois ouy dire à Monsieur
Gassendus qu'il auoit mesuré mathematiquement
la hauteur de quelques montagnes & valees de la
Lune par le moyen de leurs ombres & auoit trouué
la hauteur des montagnes lunaires beaucoup plus
notable que de celle de la terre.

Chap. XXXXVII. contenant vn autre argu-
ment pris des montagnes de la Lune.

IL est necessaire de remarquer que la Lune estant
à demy pleine plus ou moins, on void hors d'elle
beaucoup de petites taches comme goutes d'eau
ou perles, fort luisantes, & on en void de rangées
comme de perles, or ce sont les coupeaus des mō-
tagnes qui sont esclairées du Soleil parce qu'ils
montent à pareille hauteur que la partie de la
Lune qui est esclairée, mais parce que les montagnes ont le pied large & obscurcy, ces goutes
sont vn peu escartées l'vne de l'autre & semblent
ainsi detachées de la Lune quoy qu'elles ne le
soient pas. ainsi si on regardoit de haut ros Pyre-
nées ou les Alpes, on verroit seulement leurs
sommitez en forme de semblables rangées de perles, à cause que leurs coupeaux reuerberoient

la clarté du Soleil & leurs neiges en augmente-
roient la lumiere.

Obseruez de plus que sainct Paul asseure en la
1. aux Corinthiens c. 15 v. 14. que la gloire des
corps celestes est diuerse des terrestres, & qu'autre est la gloire de la Lune & de chaque estoile,
or si elles different en gloire elles le font à raison
de la varieté des creatures qu'elles contiennent,
au v. 47. il semble aussi insinuer qu'il y à des
hommes celestes & terrestres.

Ie desire enfin que tu consideres cher Lecteur
que ce Liure n'est qu'vn fragment de celuy auquel ie trauaille pour la vie & Philosophie de Democrite, qui a soustenu cette opinion, & pour laquelle aussi bien que pour ses autres dogmes il me-
rita des statuës, de sorte que ie ne fay que dire ce
qu'il pouuoit auoir dit pour soustenir ce qu'il
croyoit, t'asseurant que si cela est trouué choquer
la Religion en aucune façon, & qu'on ne soit pas
satisfait des raisons que i'ay pour faire voir que
cela ne la choque nullement, ie seray prest à me
retracter, & à me despoüiller de cette opinion, si
on veut aueuglement la blasmer sans respondre
aux obiections, & sans peser aucune raison, mais
comme on n'à rien dit contre plus de cinquante
Autheurs qui ont soustenu cette doctrine, i'estime qu'on n'aura pas plus de suiet de le faire
contre moy, à moins qu'on ait quelque chagrin
particulier.

Chap. XXXXVIII. Contenant les raisons de Palingenius pour la pluralité des Mondes.

POur couronner cette partie ie n'ay pas voulu priuer le Lecteur de quelques passages rares du docte Palingenius qui prouuent tres-bien cette mesme opinion, & dans lesquels il a meslé vne rare Philosophie à vn stile tres-excellent.

En son Aquarius il tient ces discours à la page 330. de l'impression de Paris chez Hierosme Mar-nef 1580. in 16.

      Ad reliqua accedamus , & vtrū
Sint deserta poli pulcherrima regna beati,
Au quisquam sedes illas teneatque colatque,
Præsens hora monet solito nos dicere versu.
Cùm cœlum sit tam immensum, tantique decoris
Conspicuum tot sideribus, tam nobile corpus,
Desertū & vacuū & solū incultùmque manebit?
Terra autē innumeris gaudebit, & vnda colonis ?
An mare vel tellus, locus est iucundior atque
Pulchrior & melior, vel toto maior Olympo ?
Propter quod potiusquám æther mereātur habere
Tot ciues, & tam varūs animalia formis ?
An regis prudentis erit, fabricare palati
Ingentem molem peregrino marmore & auro
Egregiam, & mire speciosam intúsque forisque
Nolle tamē(stabulo excepto)permitere quēquam
Tam pulchras habitare ædes, vacuàsque tenere ?
Nempe est totius mundi stabulum terra, in qua
Sunt omnes sordes,puluis, cænūmque, fimūmque,
Ossa, putres carnes, varia excrementa animátum,
Quis memorare vnquā tot fœda immūdaq;posset,

Quæ tellus & pontus habent, ac semper habebunt
Quis nescit pluuias, nebulas nubesque niuesque,
Prælia ventorum tempestatúmque furores :
Quæ mare perturbāt, quatiūt terrā, aera versant ?
Terra tamen pontúsque tenent animalia multa :
At cœlum vacuū, vacuum cœlum esse putatur ?
O vacuæ potius mentes, quæ creditis istud !
Quippe suos etiam ciues habet æther : & astra
Singula, sunt vrbes cæli, sedésque deorum,
Illic & reges, populi inueniuntur & illic :
Sed veri reges, populi veri, omnia vera :
. . . on velut hîc, vmbræ simulachraque inãia rerū,
Quas citó mors rapit, & tēpus terit, inquinat, au-
Illic fœlices, immortales, sapientes :   fert.
Hîc habitant miseri, mortales, insipientes :
Illic pax & lux regnant, & summa voluptas :
Hic bellū assiduū & tenebræ, & genº omne doloris.
In nunc, & lauda terrā hanc, hanc dilige vitam.
Imó aude, ò demens, stabuiū hoc præponere cœlo.
Verùm aliquis dubitare potest, si durior æther
Est adamante, & nil vacui reperitur in illo :
Quomodo dic poterunt illic habitare, vel illac
Pergere ? nimirum hoc fieri non posse videtur.
Præterea cúm cœlum ipsum nòn possit arari
Atque fodi, quóām pacto Bacchúsque Cerésque
Nascentur, frugésque aliæ, quarum indiget vsus?
Friuola sunt hæc, & rugoso digna cachinno.
Namque sit ipse licet multó solidissimus æther,
Peruius est tamen, & cedens cultoribus : & nil
Obstat, quin facilé huc possint se ferre, vel illuc,
Et quacunque libet nihil impediente moueri,
Cœlicolis etenim tenuissima corpora cunctis
Ille author mundi dedit, atque leuissima, quare

                                        Ipsis

Ipſis non opus eſt foribus , patuliſue feneſtris:
Per medios intrant muros, & marmora tranant,
Vſque adeó eſt illis tenuis natura poténſque.
Quis, niſi vidiſſet piſces habitare ſub vndis,
Sub limo ranas, ſalamandras viuere in igne,
Aere chameleonta, & paſci rore cicadas,
Crederet ? at vera hæc tamẽ & mira eſſe fatemur.
Plurima ſunt, quæ cùm fieri non poſſe putemus,
Sæpe tamen fieri poſſunt, & facta videmus.
Cur non ergo Deus potuit quoque condere tales
Cœlicolas, qui per cœlum facile ire valerent,
Nulliuſque cibi vel potus prorſus egerent?
Si potuit, certè voluit, nam turpe fuiſſet,
Tã pulchras ſedes, tamq; amplas linquere inanes.
&c.   *Et a la page* 325.
Stellæ autem ſunt ne(vt fertur) pars denſior orbis
Non ita : quippe ſuam ſortita eſt quælibet harum
Diuerſam à cœlo ſpeciem, diſcrimine magno.
Ipſæ etiam inter ſe diſtant, ceu ſorbus ab vlmo,
Ceu pyrus à ceraſo differt, fœtu atque figura.
Indicat id color haud vnus diuerſáque earum
Virtus & ſplendor, ſtellæ eſt ſua cuique poteſtas:
Quandoquidẽ natura etiam ſua cuique tributa eſt
    Et au liure intitule libra *page* 179.
Ergo tam exiguus locus, & tam vilis habebit
Tot piſces, hõines, pecudes, volucreſque, feraſque:
Cætera erunt vacua, & proprio cultore carebunt;
Atque aer deſertus erit, deſertus olympus ?
Delirat, quiſquis putat hoc, hebetiſque cerebri eſt;
Imo illic longè plura, & longe meliora
Viuere credendum eſt, longeq; beatius, atque hic
Denique ſi verum volumus ſine fraude fateri :
Eſt hominum ſedes, brutorumque infima tellus,

                              K

Eſt aër vltra nubes cœlumque beatum.
Pax vbi perpetua & nitidi lux clara diei
Aſſiduè regnat :, domus eſt & regia Diuûm,
Quos licet haud poſſit mortalis cernere viſus
(Eſt etenim tenuis nimium natura Deorum)
Sunt tamen innumeri, bibulæ quot corpora arenæ
Littoribus cunctis, cuncti, quot gramina campis.
Qui credit cœlū tam immenſum, támque decorū,
Deſertum omnino, ac ſolum, vacuúmque colonis,
Cùm teneat vilis tam multa animalia tellus :
Delirat, craſſa mentis caligine preſſus,
Nec minus ac pecudes terrena in fæce ſepultus.

Et vn peu plus bas.

Nempe ſuos aër cœlùmque ac ſydera ciues
Indigenàſque tenent: quod qui negat, ille beatis
Inuidet, atque Dei maieſtatem inſipienter
Blaſphemat, numquid non eſt blaſphemia, cœlum
Dicere deſertum, & nullis gaudere colonis ;
Atque Deum nobis tantúm, brutiſque præeſſe,
Tam paucis, & tam miſeris animalibus, & tam
Ridiculis; certé ſciuit, potuit, voluitque
Omnipotens genitor, nobis meliora creare,
Quæ viuant meliore loco: vt ſua gloria maior,
Maius & imperium foret, & perfectior orbis
Nam quó plura facit, quó nobiliora, relucet
Hoc magis & mundi decus, & diuina poteſtas.
Sed dubiū eſt, an ſint puræ & ſine corpore formæ:
An varia, vt nos membrorum cōpagine conſtent.
Nimirum dictat ratio, quód in aére & igni
Corpus habēt quæcunque manent animalia: nā ſi
Non ſunt corporea, ergo aër deſertus & ignis
Prorſus erit, vacuúſque locus dicetur vterque.
Quippe locum præter corpus, nihil occupat: illi

Cui non eſt corpus, non eſt locus, idque loco nil
Indiget : vt ſatis oſtendunt præcepta ſophorum.
Sed nunquid morti debentur ? credere par eſt,
Viuere longa quidem & fœlicia ſecula, tandem
Deſinere, atque mori. nam ſi corrumpitur aër
Atque ignis, cur non pereant viuentia in illis ?
Nempé loci naturam haurit, ſequiturque locatum.
Forté aliquis, quali ſpecie, qualiue figura
Sint hæc, ſcire velit : par eſt quoque credere talem
Eſſe illis faciem, qualem nec terra nec vnda
Ferre ſolet, noſtra meliorem ac nobiliorem :
Qualem nec fas eſt, nec cernere poſſumus ipſi.
At quibus in ſtellis vita eſt, & in æthere puro
Cœlicolæ nunquam pereunt : quia nulla ſeneſtus.
Aſtra terit, nulla vnquā ætas labefactat olympum
Credendûmque ipſis maiora & lucidiora,
Et formoſa magis & valida & leuia eſſe
Corpora, qui reliquis quæcunque ſub æthere viuūt
Atque elementa colunt, & tempore menſurantur,
Sed quid agunt ; gaudēt ſenſu ac ratione viciſſim :
Nunc hoc, nunc illo vtentes : miriſque fruuntur
Delitüs, quas humanum nec fingere poſſet
Ingenium, nec mortalis percurrere lingua :
Illic eſt verus mundus, vera entia, veræ
Diuitiæ, veri mores, & gaudia vera :
Aſt hîc ſunt vmbræ tantúm ſimulachrâque rerū
Friuola, quæ paruo momento vt cera lique ſcunt.
Illius mundi quædam eſt hic noſter imago :
Quātū pictus ab hoc, tātū hic quoque diſtat ab illo.
Extra ipſum veró cœlū, & ſupra omnia corpora,
Eſſe alium mundum meliorem incorporeùmque ,
Qui non percipitur ſenſu, ſed mente videtur,
Nonnulli credunt, nec res eſt diſſona vero.

o

Nam fi nobilior fenfu, & præftantior eft mens,
Cur habeat propriü mundü, propria entia, fenfus,
Quæ verè exiftant, quæ percipiantur ab ipfo :
At mens fola manes, proprio non gaudeat orbe ;
Nilque habeat per fe exiftens ; fed fomnia tantûm
Apprendat tenuèfque vmbras, & inania fpectra ;
Quæ non exiftunt per fe, vera entia non funt.
Aut igitur mens eft nihil, aut natura creauit
Menti confimilem mundum, qui continet in fe
Res veras, ftabiles, puras, immateriales :
Quæ per fe exiftunt melius, quám fenfibiles res.

Et plus bas.

Singula nonnulli credunt quoque fydera poffe
Dici orbes, terrámque appellant fydus opacum,
Cui minimus diuûm præfit.

Et en fon liure intitulé Sagittarius *page.* 269.

In æthere credunt

Stellarùmque globis nullos habitare colonos,
Et deferta poli cenfent fpatia ampla beati.
O curuas animas, ô pectora plena tenebris.
Percipere humani fenfus non omnia poffunt :
Plurima funt quæ oculos fallût, fed mente uidêtur.
Vnde acies mentis potius ratioque fequenda eft,
Quæ docet effe deos, cœlùmque habitarier. ergo
Aut ftellæ Dij funt, aut lucida templa deorum.

Le mefme raporte es pages 245. 247. &c.
vn fonge ou extafe, ou il dit auoir veu les chofes
qui font dans la Lune & les decrit fort agreable-
ment infinuent ainfi fon opinion.

FIN.

In Librum de Mundorum pluralitate Petri Borelli Medici Regii.

SI reperiſſe nouos ignota per æquora mundos,
　Gloria magna fuit, mercéſque lucroſa Colūbo,
Ah quanto Maior merces, & gloria maior,
Debetur Borelle tibi, qui interritus axes
Sydereos luſtrans, aperis mortalibus ægris,
Immenſos mundos & fixa habitacula in ipſis
Aſtris, quæ dudum priſcis incognita ſeclis
Marte tuo primus certis das noſcere ſignis
Illic excelſos montes, & flumina vaſta
Et Maria immenſa, & quidquid Cynthia cernit
Sub pedibus, ſuperis pariter cernuntur in aſtris
Dædalus anne aliquis te euexit ad æthera ſummū,
Muſæumue tuum aſtricolæ ſubiere quirites ?
An Phæbus totum curru qui luſtrat olimpum
Talia te docuit rerum miracula ſolum ?
Inuideam an demens ? an laudem ? credere cogor
Dum ſpeculor tua ſcripta, nefas dubitare, puſillſ
Hærent non doſti, ſic quondam fabula multis
America, at dio magna inſula diſta Platoni,
A pigris ſpreta, at vafris præda optima Iberis
Quanto nobilius Cœlum eſt terreſtribus aruis,
Diuina humanis meliora, æterna caducis,
Tanto Borellus maior meliorque Columbo eſt。
　　enti hic molem immenſam, rutilique metalli
　　zaſque innumeras ſæuis aperiuit Iberis
　　ropæ exitio, Bellonæ inſtrumenta nefandæ,

Et luxus fomenta, voluptatumque popinæ
Ex illo cafti mores, atque aurea fecla
Prifcaque fimplicitas fluere & fecedere retro
Et pudor & pietas, terras Aftræa reliquit
Ingruere at denfo vitia agmine, furta, rapinæ,
Cædes, infidias, non hofpes ab hofpite tutus,
Non a prole parens, fratrú quoque gratia nulla eft
Diffidia & lites, paffim defæuit Erynnis
Auro inhiant omnes, argento tenditur, omne
Virtutum fœtet genus, & fanctiffima fordent.
Americæ poftquam dites patuere fodinæ.
Succeffu rerum vefana fuperbia Iberi
Intumuit, voluitque animo fanda atque nefanda,
Ambiit Europæ fceptra, atque immitibus Afris
Indulfit pacem, totis dum viribus vni
Imminet Europæ, infidiis, armifque, minifque,
Non tutæ plebi fpeluncæ, aut auia faxa
Auftriacum a turmis, iniufto Marte Britanni,
Gallique afflicti, Belgæ, Jermania, tellus
Æneadum, domina nec tuta erat infula in vrbe
Et tamen ignaro foliti dare verba popello
Se facras tutari aras, ritufque vetuftos
Diuorum fimulantque decus populique falutem
O falfas auftri mentes, ô pectora falfa
Sed tandem effulfit tenebris aurora fugatis
Geryonis patuere doli : dein numine diuum
Demiffus Cælo Henricus Mauortius Heros
Hifpanos cuneos, & qua denfiffima turba
Proftrauit variis & fregit cladibus vltor
Depulit & regni paffim de limite auiti.
Tunc animi effrænes gentis cecidere fuperbæ,
Paulatim ambitio deferbuit, Hectore noftro
Heu heu mactato, extemplo rediuiua refurgunt

Bætica comitia, & violento turbine perflant
Terrafque tractufque maris, dum ætate tenella
Ludoicus nondum rerum geftabat habenas.
Et Gallos fœpe infeftis concurrere fignis
Impulit, atque auro facra lilia vellere, cœlo
Hectoridis demilla, auro vœnalia cuncta
Falque nefafque, decus, probrum, facrumque
    profanumque,
Auro ah nunc proftāt, quod lōgè oftentat Iberus.
Hinc maius ferpfit virus, quod dicere mufa
Dicere mufa horret,dominum cōtemnere olympi
Impia gens Erebi nigro demilla barathro,
Infames athei fuadent, dirofque cometas
Intrepidis fpectant oculis, & fulmina rident.
Cœleftefque domos vanis habitacula laruis,
Vulgi aut fabellas, commenta & anilia dicunt
Talia iam portenta ævi mactata potenti
Borelli claua, nec fas eft hifcere contra
Scripta tua ò Borelle, tuis laus maxima chartis
Imminet æterno celebrandus nomine, tellus
Te tua non capiet, nec longo limite noftri
Ludoici imperium, Hefperiis tu notus Eois,
Quàque Aquilo, quaque Aufter agit freta vafta,
  micabit
Borellus, fydus veluti ad terreftria millum
Vt miferos doceat mortales, cœlica regna.
Nil mortale fonans, diuino numine plenus
Cœleftes aperire domos molitur, in alta
Nos rapit, æternas docet illic quærere fedes
Immunes belli, Capitolia firma, ruinis
Nullis addicta, & nullis obnoxia fecli
Ærumnis, illic non inclementia brumæ
Auellit gemmas Baccho, nec fæua procella

Proculcat Cererem, baccas nec Syrius ardens
Siccat Palladias, fruſtces neue horrida grando
Concutit, æterni viget indulgentia Veris.
Exulat inde etiam ventorum exercitus omnis,
Non illic terrent ferali crine cometæ
Nec tellus quaſſata vrbes monteſque redellit.
Pax æterna illic, nullique immixta pauori
Gaudia carpuntur, procul eſt infirma ſenectus,
Morborúque lues, curæ, lachrimæque, minæque,
Nullus auaritiæ locus, incognita egeſtas,
Ambitio, ira, doli, triplicique calumnia telo,
Liuorque alterius rebus qui luget opimis
Cocyti æternum nigris demerſa ſub vndis.
Nectare Diuorum menſæ, ambroſiaque refertæ,
Aures demulcent litui, Cytharæque canoræ,
Et magni celebrant laudes nomenque Iehouæ.
Ergo quiſquis amans pacis, diæque ſalutis
Suſpice Borelli mundos, & lumina in altum
Tolle, niſi prono proſpectas degener ore
Terrenis vinctus cippis mortalia teſqua
Vecors mancipium, prœda graueolentis Auerni.
Cernes aſtrorum in gremio ſuauiſſima Tempe
Inſtructa altiſoni dextra, quæ limite nullo
Nullo æuo cenſenda, ſupra omnes laudis honores.
Viue diù Borelle, aſtris tibi debita ſedes
Te ſerò accipiat, ſuperes & Neſtoris annos,
Horrida vt inſanæ, extinguas blaſphemia turbæ.

VILARIVS.

Iudex Cebennas

Février 1523.